Wolfgang Dengler

Aquascapes
gestalten, einrichten, pflegen

126 Farbfotos
12 Zeichnungen

Ulmer

Kapitel 1

Aquascaping – Der neue große Aquarientrend 4

Gestaltungsschulen und Wettbewerbe 4

Einrichtungs- und Gestaltungsregeln 6

So gestalten Sie eine faszinierend schöne Aquarienlandschaft 11

Kapitel 2

Die schönsten Aquascapes zum Selbereinrichten 13

Kleine Baumwiese 15

Am Waldrand 21

Felsenschlucht 25

Alte Bäume 29

Weg zum See 33

Drachenfelsen 37

Waldlichtung 41

Savannenbaum 45

Rote Felsen 49

In den Hochalpen 53

Afrika 57

Schilf am See 61

Kapitel 3

Einrichtung und Pflege 63

Ein Landschaftsaquarium
gestalten 64

Welche Technik brauche ich? 65

Das Hardscape 78

Mikroflora und -fauna 81

Wasser 84

Die Pflanzen 87

Die Hauptnährstoffe der Aquarienpflanzen 94

Tiere im Aquascape 108

Ungeliebte Nützlinge – die Algen 111

Auf einen Blick: die Einrichtung des Aquascapes 119

Kapitel 4

Service 121

Literatur 121

Internetadressen 122

Bildquellen 122

Register 124

Aquascaping – Der neue große Aquarientrend

Die Wortschöpfung setzt sich aus Aqua = Wasser und (Land)scape = Landschaft zusammen. Aquascaping bedeutet somit das Gestalten entweder naturgetreuer Landschaften oder auch reiner Fantasiewelten unter Wasser. Dieser neue Trend der Aquariengestaltung wurde vom japanischen Aquarianer und Naturfotograf Takashi Amano begründet. Seine bis in das letzte Detail wunderbar ästhetisch gestalteten Schauaquarien, deren Gestaltungselemente der japanischen Gartenkunst entspringen, wurden zahllosen Aquascapern zum Vorbild für eigene Ideen.

Die Landschaft kann eine Unter- oder Überwasserlandschaft sein, ein beliebiger Ausschnitt einer Gegend irgendwo auf der Erde, oder ein Bild in der eigenen Phantasie. Man könnte einen breiten Flusslauf mit großen runden Steinen bauen oder den Uferbereich eines schilfbewachsenen Sees nachbilden. Jede Landschaft kann im Kleinen dargestellt werden, ein Wald, eine mit niedrigen, grasartigen Pflanzen bewachsene Wiese, eine Felsformation im Gebirge. Vielleicht auf einem Spaziergang entdeckte Details wie eine moosbewachsene Baumwurzel oder ein bewachsener Stein, der aus einem kleinen Bach herausragt, mögen Ideengeber sein.

Besonders faszinierend für den Betrachter ist es, wenn die Elemente gekonnt vermischt sind und etwa eine nachgebildete Küstenlandschaft so wirkt, als würde sie im Hintergrund in Meer und Horizont übergehen. Dann ist die Sinnestäuschung gelungen, denn das Ganze befindet sich ja schon unter Wasser.

Die Ruhe und Harmonie, die von einem Aquascape ausgehen, erinnern sehr an die Bilder der japanischen Tempel- und der Zen-Gärten. Und von dort kamen auch die ersten Inspirationen zu dieser Aquariengestaltung. Inzwischen ist sie zu einer Form der Kunst geworden. Sie „malt" lebendige Bilder, die sich verändern und daher ständig neu erschaffen.

Hemianthus callitrichoides cuba kann auf vielerlei Weise bei der Gestaltung verwendet werden. In diesem Scape bildet es das Grün der Baumkronen.

Gestaltungsschulen und Wettbewerbe

Es gibt große internationale Aquascaping-Fotowettbewerbe, bei denen unglaublich naturgetreue Landschaftsnachbildungen unter Wasser gezeigt werden, und es ist ein frappierender Anblick, wenn etwa im Hochgebirge zwischen den Felsen ein Schwarm Fische seine Bahnen zieht.

Ein Aquascape wird oft auch als Naturaquarium bezeichnet. Gemeint ist damit, dass es nach dem Vorbild einer Landschaft in der Natur gestaltet wurde. Natürlicher als andere Aquarien ist es nicht, es braucht die gleiche Technik, also Beleuchtung, Heizung oder Filter, um funktionieren zu können.

Rechte Seite:
Die Ruhe und Harmonie, die von einem gelungenen Aquascape ausgehen, erinnern sehr an Bilder japanischer Tempel- und Zen-Gärten, und von dort kamen auch die ersten Inspirationen dieser neuen ‚Aquarienkunst'.

Aquascaping ist pflanzenbezogene Aquariengestaltung. Davor gab es die Holländische Pflanzenaquaristik, bei der für Wettbewerbe strikte Regeln galten. So mussten Pflanzen in Gruppen von genau definierter Größe gesetzt werden. Der Aufbau ging meist terrassenförmig ansteigend nach hinten, die Bepflanzung war ebenfalls vorn niedriger und hinten höher. Eine schöne Tiefenwirkung wurde zum Beispiel durch eine ‚Straße', eine von vorne schräg nach hinten verlaufende auffällige Pflanzengruppe erzeugt.

Die Auswahl an Vordergrundpflanzen war zu damaliger Zeit begrenzt. Vor allem die sehr niedrigen, teppichartig wachsenden Pflänzchen wie *Hemianthus callitrichoides cuba*, das Zwerg-Perlkraut, (HCC) oder *Glossostigma elatinoides*, das Australische Zungenblatt, waren in der Aquaristik noch nicht ‚angekommen'. Genau diese sind es aber, die die oft erstaunlichen Effekte der internationalen Spitzen-Aquascapes hervorrufen.

Einrichtungs- und Gestaltungsregeln

Im Aquascaping gibt es keine starren Vorgaben bezüglich der Anordnung des Hardscapes, der Steine und Wurzeln also, oder der Platzierung der einzelnen Pflanzengruppen. Es existieren allerdings sehr hilfreiche Einrichtungs- und Gestaltungsregeln. Einige davon sind bekannt, andere werden recht selten angewandt. Die wirkungsvollsten Gestaltungsregeln sind:
1. Der Goldene Schnitt
2. Die Insel oder der Hügel
3. Die Dreiergruppe
4. Der Weg oder zwei Berge und ein Tal
5. Die Harmonischen Linien oder Beziehungslinien
6. Der freie Raum

1 – Der Goldene Schnitt

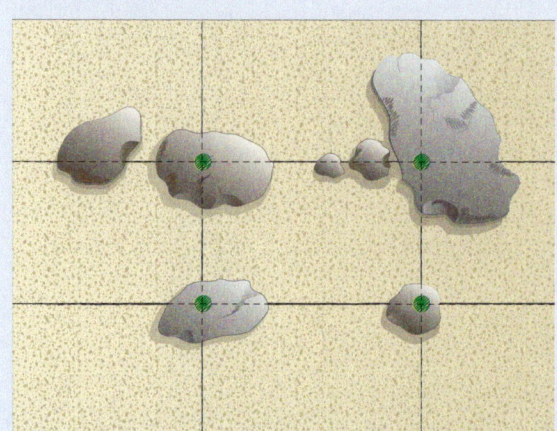

Teilungslinien des Goldenen Schnitts. Vor allem die Schnittpunkte sind gute Stellen für Wurzeln, Steine und andere markante Objekte des Hardscapes.

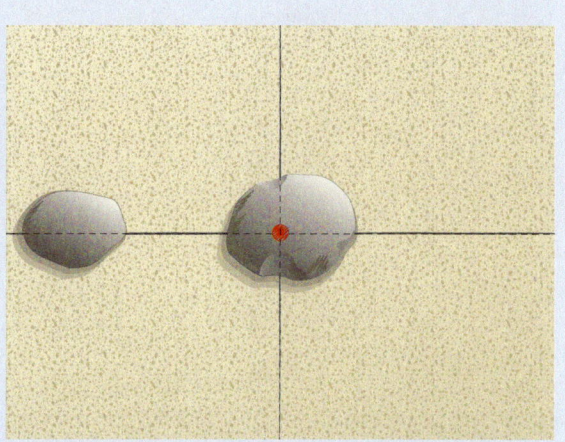

Setzen Sie dominierende Steine oder Wurzeln nie genau auf eine Mittellinie, denn dies wirkt langweilig und künstlich. Der Blick des Betrachters kann dann nicht wie in einem interessant eingerichteten Becken wandern. Die ungünstigste Stelle überhaupt ist der Punkt, an dem sich die beiden Mittellinien treffen.

Der **Goldene Schnitt** ist nicht nur im Aquascaping eine sehr bekannte Gestaltungsregel, schon früh wurde er in Malerei und Architektur eingesetzt. Dem Goldenen Schnitt zugrunde liegt die Teilung einer Strecke im Verhältnis von rund ⅓ zu ⅔ (genaues Verhältnis der Proportionen: 61,8 % zu 38,2 %).

Dieses Teilungsverhältnis lässt sich auf mehrere Linien im Aquarium, längs, quer oder diagonal anlegen. Dadurch entstehen verschiedene Bereiche, wobei sich der kleinere zum größeren so verhält, wie der größere zum gesamten. Wichtige Blickpunkte für den Betrachter werden nicht beliebig irgendwo im Raum, sondern bevorzugt auf den Teilungslinien des Goldenen Schnitts angebracht.

In der Mitte des Aquariums sollte freier Platz sein, an dem kein dominierendes Hardscape und nur niedrig wachsende Pflanzen stehen. Die Mitte bietet einen weiten, offenen Schwimmraum für die Aquarienfische. Sehr gute Stellen für Hardscape, solitäre Pflanzengruppen, auffällige Gewächse und überhaupt jeden Blickfang, sind die Kreuzungspunkte der vier Linien des Goldenen Schnitts.

Einrichtungs- und Gestaltungsregeln 7

Alle vier roten Felsen befinden sich auf den Kreuzungspunkten des Goldenen Schnitts.

Möchten Sie zum Beispiel ein Iwagumi – eine Felsenlandschaft – einrichten, könnten diese vier Kreuzungspunkte oder drei davon die Standorte für hohe Berge sein. Dazwischen würde sich ein kleines Tal, ein Weg oder ein Bach gut einfügen. Hier wäre dann darauf zu achten, dass Tal, Weg oder Bach etwas seitlich oder diagonal verlaufen.

Gut zu wissen

Alle Gestaltungsregeln sind Hinweise und Vorschläge, manchmal bringen auch die Abweichungen davon sehr gute Ergebnisse.

2 – Die Insel oder der Hügel

Die Insel besteht meist aus einem Steinmassiv oder einer dominierenden Wurzelgestaltung, etwas hinter der Mitte des Beckens angebracht. Höher wachsende Pflanzen sind direkt auf der Insel zu finden, darum herum höchstens niedrige Bodendecker, Kies, Sand oder ganz kleines Hardscape.

Auch eine große Wurzel auf der einen Seite und eine hohe Pflanzengruppe auf der anderen wären denkbar, beide Blickfänge platziert auf den zwei hinteren Kreuzungspunkten. Die vorderen Kreuzungspunkte könnten durch etwas niedrigere Pflanzengruppierungen betont werden.

Die **Insel- oder Hügelgestaltung** eignet sich ganz hervorragend für eher kubische und hohe Aquarien. Bei der Einrichtung nach dieser Vorlage sollte der höchste Punkt der Insel nicht den Kreuzungspunkt der Längen- und Breitenmittellinien des Beckens bilden. Dies würde genau der geometrischen Mitte entsprechen. Platzieren Sie den dominierenden Punkt eher etwas weiter hinten ($^2/_3$-Verhältnis), so entsteht vorn etwas mehr freier Raum.

3 – Die Dreiergruppe

Die Dreiergruppe kann aus einem großen Stein, einer bestimmenden Wurzel, auffallenden Pflanzengruppe oder hervorstechenden Solitärpflanze bestehen. Um diesen zentralen Punkt werden zwei weitere kleinere Akzente gesetzt, sodass ein Dreieck entsteht, bei dem der höchste Punkt stets hinten liegt.

Auch bei der **Dreiergruppe** sollte keines der Gestaltungselemente direkt auf dem Kreuzungspunkt der Mittellinien stehen, am wenigsten das erste, dominierende Element. Mit der ‚Dreiergruppe' lassen sich interessante Aquascapes gestalten, vor allem, weil sie sich sehr gut mit der Gestaltungsregel ‚Der freie Raum' kombinieren lässt.

Einrichtungs- und Gestaltungsregeln 9

4 – Der Weg oder Zwei Berge und ein Tal

Aquascapes nach dieser Gestaltungsregel sind ziemlich weit verbreitet.

5 – Die Harmonischen Linien oder Beziehungslinien (auch Sichtlinien)

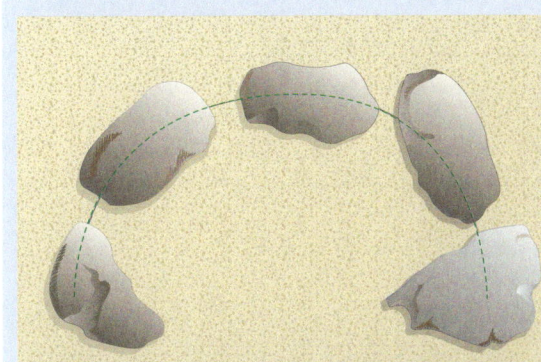

Lassen Sie die Augen in der Unterwasserlandschaft wandern. Sie erreichen dies, indem Sie gleiche oder ähnliche Gestaltungsmerkmale so anordnen, dass sie auf einer gedachten, meist halbkreisförmigen Linie liegen.

6 – Der freie Raum

Der freie Raum symbolisiert das Prinzip von Fülle und Leere. Dieses Gestaltungskonzept lässt sich unter anderem sehr gut mit den Harmonischen Linien oder Beziehungslinien verbinden.

Linke Seite:
Eine klassische Dreiergruppe in diesem Aquascape eröffnet dem Betrachter einen Blick ‚über den Horizont'.

Mit der **Weg- oder Zwei Berge und ein Tal**-Gestaltungsregel lassen sich sehr ansprechende Landschaften zaubern. Meist werden die zwei Berge durch Steine dargestellt, es können aber auch zwei passende Wurzelhölzer verwendet werden.
Es kann sich bei den die **Harmonischen Linien** markierenden Objekten um Steine, Wurzelholz, schöne Solitärpflanzen oder auch um ganze Gruppen von Pflanzen handeln. Wichtig ist nur, dass alle Gestaltungselemente von gleicher Art sind: etwa wie in der Skizze fünf gleiche Steine, fünf gleichartige Wurzeln oder fünfmal die gleiche oder sehr ähnliche Pflanzenart. Wenn Sie den Rest des Aquascapes, am besten mit Bodendeckern, bepflanzen, wird das Auge den Beziehungslinien immer wieder folgen.
Lassen Sie zwischen dominanten Steinen oder Hölzern einen **freien Raum** im Mittenbereich, der höchstens mit Wurzelstückchen oder kleinen Steinen bestückt wird. Hier sollen auch nur sehr niedrig bleibende Pflanzen wachsen.

Weitere hilfreiche Regeln

Der zentrale Punkt oder Fokuspunkt
Dieser ist nicht der geometrisch zentrale Punkt des Beckens, sondern vielmehr der wichtigste Blickfang, das bestimmende Element der Gesamtgestaltung. Der zentrale Punkt kann ein Stein, eine Wurzel oder eine ganz außergewöhnliche Pflanzengruppe sein. Er wird oft auf einer 2/3-Kreuzungslinie des Goldenen Schnitts platziert.

Die ungerade Anzahl
Verwenden Sie 3, 5, 7 oder eine andere ungerade Anzahl an Elementen. Der Gesamteindruck wird auf diese Weise harmonischer. Diese Regel hat besonders für dominante, große Steine Gültigkeit.

Mischen Sie nicht zu viel Hardscape
Nehmen Sie möglichst nur eine Art von Gestein oder Wurzelsorte. In der Natur wird es selten eine Landschaft mit mehreren verschiedenen Gesteinen auf engerem Raum geben. Hölzer verschiedener Sorten und Herkunftsgebiete wirken schnell zusammengewürfelt und disharmonisch.

Lernen Sie von der Natur
Was macht eine schöne Landschaft aus? Warum sind ein Tal, ein Bachlauf oder genau dieses Waldstück so außergewöhnlich? Finden Sie es heraus und versuchen Sie, diese Wirkung auch im Aquarium zu erzielen.

Wie machen es die guten Aquascaper?

Betrachten Sie die Bilder von den Spitzenaquascapes, die bei den Wettbewerben vordere Plätze einnehmen. Finden Sie heraus, welche Details oder Gestaltungselemente die Faszination dieser Kunstwerke ausmachen. Nutzen Sie sie, um eigene Ideen zu verwirklichen. Denken Sie aber auch daran, dass die Wettbewerbsscapes für die Fotoaufnahme genau auf den Punkt getrimmt und alle im Alltagsbetrieb ganz oder teilweise sichtbare Technik wie Filter, Heizer, Thermometer, CO_2-Eingabegerät, CO_2-Dauertest und so weiter entfernt werden.

Linke Seite:
Beispiel für die Anwendung der Gestaltungsregel der harmonischen Linien.

So gestalten Sie eine faszinierend schöne Aquarienlandschaft

Das Wichtigste zuerst

- Betrachten Sie die Gestaltungsregeln als Planungshilfen, lassen Sie aber Ihrer eigenen Kreativität bei der Einrichtung freien Lauf.
- Die Gestaltung, Bepflanzung, die Pflege und das Beobachten sollen vor allem Spaß machen. Das fertige Ergebnis wird oft von der Planung abweichen, muss aber nicht weniger gelungen sein.
- Im weiteren Verlauf ist es die immerwährende Veränderlichkeit in diesem künstlich geschaffenen und doch nach natürlichen Regeln funktionierenden kleinen Lebensraum, die viel Freude und Einsichten in Zusammenhänge und Abläufe der Natur bringt.

Standort des Aquascapes

Sie wollen Ihr Aquarium gut sehen und beobachten können und Ihr Werk genießen. Ein Aquarium hat Gewicht, besonders wenn es vollständig ausgestattet ist. Der Standort muss also von der Statik her geeignet sein. Der Standort sollte nicht zu hell, das heißt, direkte Sonneneinstrahlung möglichst vermeiden, und im Sommer nicht zu heiß sein.

Das Becken muss außerdem stabil stehen. Zwischen Bodenscheibe und Unterlage, etwa einem Schrank, sollte um Unebenheiten auszugleichen, eine Matte, dicke Wellpappe oder Ähnliches angebracht werden. In gefülltem Zustand darf das Aquarium nicht mehr bewegt werden! Das Aquarium sollte leicht zugänglich sein, denken Sie an Pflegearbeiten und Wasserwechsel!

Machen Sie einen Einrichtungs- und Gestaltungsplan

Fertigen Sie zwei Skizzen an. In die erste zeichnen Sie die technischen Geräte ein. Planen Sie alle technischen Geräte so, dass sie stets leicht zugänglich sind, versuchen Sie aber, die Technik hinter Hardscape oder Pflanzengruppen zumindest teilweise zu verstecken.

Die zweite Skizze stellt alle Wurzeln, Steinaufbauten und die Bepflanzung dar:
- Bestimmen Sie, wo freie Flächen belassen werden sollen.
- Suchen Sie in Fachliteratur oder aus Ihren eigenen Erfahrungen die für dieses Scape passenden Pflanzen heraus. Bedenken Sie dabei immer Endgröße und Wuchsgeschwindigkeit.
- Achten Sie darauf, dass Bodendecker und niedrig bleibende Vordergrundpflanzen später nicht

Einrichtungsplan

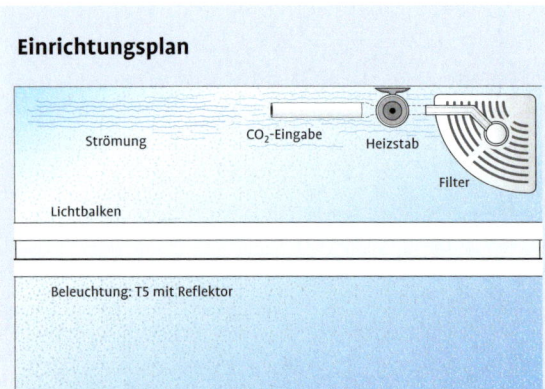

- Wo sollen Filter und Heizung installiert werden?
- Welche Beleuchtung soll zum Einsatz kommen?
- Ist eine CO_2-Anlage geplant? Bio-CO_2 oder eine Druckgasflasche?
- Wie soll das CO_2 im Wasser verteilt werden?

Gestaltungsplan

1 – hohe Rosettenpflanze
2 – hohe Stängelpflanze
3 – grasartige Vordergrundpflanzen
4 – kleinblättriger Bodendecker

von schnell wachsenden Pflanzen überwuchert werden.
- Pflanzen Sie lichtbedürftige Arten in die besser beleuchteten Areale.
- Vergessen Sie nicht, die Einrichtung auch an die Bedürfnisse der späteren tierischen Mitbewohner anzupassen.

Gut zu wissen

Legen Sie sich vor der eigentlichen Einrichtung die gewünschte Technik zu und probieren Sie diese genau aus!

Sie können sich ein Aquascape sehr pflegeleicht einrichten, indem Sie eher langsam wachsende Pflanzen verwenden, denn ständiges Zurückschneiden und Zurechttrimmen sehr schnell wachsender Stängelpflanzen beansprucht viel Zeit.

Detaillierte Anleitungen wie Sie Schritt für Schritt Ihr eigenes Scape einrichten und pflegen, dazu eine Vielzahl an Hintergrundinfos, Tipps zur Vermeidung von Fehlern und Problemen finden Sie im Kapitel "Einrichtung und Pflege".
  Lassen Sie sich nun aber zuerst von den folgenden zwölf Beispielaquarien inspirieren.

Die schönsten Aquascapes zum Selbereinrichten

Zwölf Aquascapes zeigen, wie bestimmte Landschaften nachempfunden werden können und mit welchen Einrichtungselementen wie Steinen, Wurzeln und Pflanzen dies verwirklicht wurde.
Erfahren Sie die grundlegenden Gestaltungsregeln für jedes einzelne Aquascape. Sämtliche Scapes sind in relativ kleinen Becken, oft sogar Nano-Cubes entstanden.

Linke Seite:
Inmitten einer dicht bewachsenen Wiese stehen zwei niedrige Bäume nebeneinander. Hohe Sträucher umsäumen sie, sodass der blaue Himmel im Hintergrund kaum noch zu sehen ist.

Kleine Baumwiese

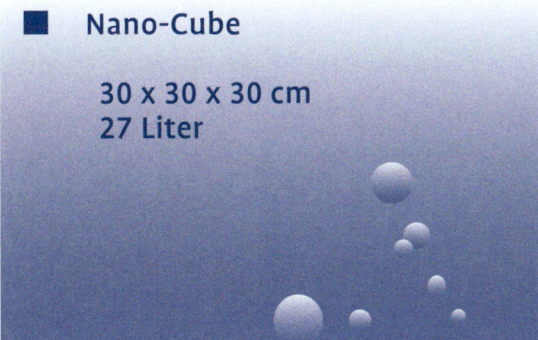

■ Nano-Cube

30 x 30 x 30 cm
27 Liter

Die Pflanzen

Die Wiese besteht aus verschiedenen Moosen, hauptsächlich Javamoos, *Taxiphyllum barbieri*, die hier selbst unter recht starkem Licht völlig algenfrei wachsen. Dies ist den vielen Zwerggarnelen zu verdanken, die ständig auf der Suche nach Futter, vor allem Algen und Mikroorganismen, das Becken durchstreifen.

Die Stängelpflanzen um die Bäume herum bestehen aus *Hygrophila polysperma*, dem Kleinen Wasserfreund, einer bewährten Aquarienpflanze. Sie findet in diesem gut beleuchteten Aquascape Idealbedingungen und wächst sehr schnell. Sie muss öfter zurückgeschnitten werden und ließe sich auch durch eine etwas langsamer wachsende Pflanze ersetzen.

Auf der linken Seite findet sich die Graspflanze *Lilaeopsis brasiliensis*, die sich sehr gut an die verschiedensten Wasserwerte und Lichtverhältnisse anpassen kann. Aus dem Moos heraus wächst eine Kolonie des ‚Kleinen Sterns' *Pogostemon helferi*, eine in der Aquaristik recht neue, interessant aussehende Pflanze.

Das ‚Blätterdach' der Bäume besteht aus dem schwimmenden Moos *Riccia fluitans*, zwischen die Äste gesteckt und dort mit Nähfaden leicht festgebunden. *Riccia* war lange Zeit nur in ihrer eigentlichen biologischen Funktion als Schwimmpflanze bekannt, bevor Takashi Amano sie in seinen außergewöhnlich schönen Aquarien, auf Steinen festgebunden, als bodenbedeckende Pflanze nutzte.

Hier hat die *Riccia* einen weiteren aquaristischen Lebensraum gefunden – als Baumbegrünung. Dieser Standort kommt ihrem Naturell entgegen, sie wächst am besten mit Kontakt zur Wasseroberfläche. Bei guter Beleuchtung betreibt sie intensiv Photosynthese und bildet Sauerstoff, mit dem sie in Form kleiner Bläschen über und über bedeckt ist.

Damit die *Riccia*-Büschel nicht zu groß werden und von innen her absterben, weil nicht mehr genügend Licht eindringen kann, schneidet man sie zurück oder zupft einen Teil weg. Sonst bleibt nur die Außenhülle grün.

Gestaltungsregeln

Die ‚Bäume' aus Moorkienwurzeln stehen auf den beiden hinteren Kreuzungslinien des Goldenen Schnitts (siehe Seite 6). Der etwas nach außen gerückte Standort des rechten Stammes vergrößert die freie Fläche zwischen und vor den ‚Bäumen'. Außerdem verdeckt er einen Teil der direkt dahinter angebrachten Technik.

> **Tipp**
>
> Als Hintergrund für dieses kleine, sehr dicht bepflanzte Aquascape wurde eine teildurchsichtige Folie mit blauem Himmelsmotiv verwendet.

Technische Details

Dieses Scape wird mit zwei 11 Watt-Kompaktleuchtstofflampen und einer 23 Watt-Vollspektrum-Energiesparlampe, beide mit Reflektor, sehr gut beleuchtet. 45 Watt treffen auf ein 27 Liter-Cube. Das ist ein extremes Starklichtbecken, da es das Verhältnis Wattzahl zu Liter Wasserinhalt von 1 : 1 deutlich übersteigt. Allerdings haben die Lampen zum Wasserspiegel 20 cm Abstand, was wieder etwas abschwächend wirkt. Die Tempera-

> **Die wichtigsten Wasserwerte**
>
> – Gesamthärte (GH): 12
> – Karbonathärte (KH): 9
> – pH: 7
> – Nitrat: 8 mg/l
> – Phosphat: 0,5 mg/l
> – Kalium: 5 mg/l
> – Eisen gesamt: 0,1 mg/l
> – CO_2: etwa 20-25 mg/l (Dauertest dunkelgrün)
>
> Natürlich schwanken die meisten Wasserwerte im Tagesverlauf teilweise stark. Die angegebenen Werte wurden kurz nach der morgendlichen Aufdüngung gemessen.

tur wird auf 24 bis 25 °C gehalten. Bio-CO_2 aus Hefegärung (siehe Seite 97) wird per Mini-Flipper zugeführt.

Pflege

Das ‚Blätterdach' muss ab und zu ausgeglichen werden. Man kann wegschneiden, besser ist wegzupfen, dann schwimmen keine Reste auf dem Wasser. Das Moos und *Pogostemon helferi* werden etwa einmal im Monat zurückgeschnitten. Einzig *Hygrophila polysperma* hat sich für die geringe Wasserhöhe als etwas schnellwüchsig erwiesen.

Der ausschließlich mit mittelfeinem Schaumstoff bestückte Filter wird alle vier Wochen in Aquarienwasser gleicher Temperatur ausgewaschen, das gesamte Filtergehäuse kurz gesäubert, auch das Turbinenrädchen. Die Hefegärung wird alle 14 Tage neu angesetzt, bei längerer Gärzeit lässt die CO_2-Menge rasch nach. Beim Teilwasserwechsel, 25 % der Wassermenge alle zwei Wochen, wird auch die Vorderscheibe gesäubert. Algenfläume auf Rück- und Seitenscheiben weiden die fünf Hörnchenschnecken (*Clithon*) ab. Man darf nicht penibel putzen, die Tierchen brauchen diese Nahrung, sie gehen kaum an Ersatzfutter.

Einrichtung von Becken und Hardscape

Beginnen Sie damit, den Bodengrund und das Hardscape nach der Schritt-für-Schritt-Anleitung auf Seite 17 einzurichten.

Achten Sie unbedingt auf Stabilität. Beim Wassereinlassen kommt leicht manche Schieflage zustande, weniger bei Hölzern, aber bei Steinen!

Wasser einlassen

Damit Bodengrundteilchen mit dem steigenden Wasser nicht aufschwimmen, sollte der Nährboden gut vorgewässert und die Kiesdeckschicht nass oder feucht eingebracht werden. Das Wasser kann man auf komplizierte oder einfache Weise einfüllen:

Kompliziert heißt, mit einem kräftigen Schwall aus der Gießkanne alles ordentlich durcheinander zu wirbeln, dass sich Kies und Nährboden vermischen und man einige Tage die Rückscheibe des Beckens nicht mehr sieht. Eleganter ist es, das Wasser über einen Teller oder einen Plastikbehälter einlaufen zu lassen.

Haben Sie die Möglichkeit, einen großen wassergefüllten Kanister – den Sie später beim Teilwasserwechsel noch gut gebrauchen können – oberhalb des Aquariums anzubringen, lässt sich von dort aus das Aquarium bequem mit einem 9/12 oder 14/16 mm-Schlauch langsam und kontrolliert befüllen, garantiert ohne Bodengrundverwirbelung.

Einrichtung von Becken und Hardscape 17

Von links oben nach rechts unten:

Der vorgewässerte Nährboden wird in einer Höhe von etwa 2 cm eingebracht. Legen Sie schon hier in der Grundschicht eine leichte Steigung nach hinten an, damit später von vorn möglichst wenig vom Bodengrund zu sehen ist.

Um den Bodengrund sofort mit nützlichen Bakterien zu aktivieren, wird zwischen Nährboden und Kiesdeckschicht etwas Startersubstrat ausgestreut oder EM-Gewässer eingebracht. Diese verschiedenartigen Mikroorganismen beschleunigen im Aquarium vielerlei wichtige Umwandlungen (siehe ab Seite 81).

Der mehrmals gewaschene Kies wird als Deckschicht in einer Höhe von etwa 3 cm eingebracht. Die Körnung sollte 1 bis 2, höchstens 2 bis 3 mm ausmachen, um auch kleineren Bodendecker mit empfindlichen Wurzeln gut einpflanzen zu können.

Das Hardscape kommt an die dafür vorgesehenen Stellen. Zwei Wurzeln sind schnell im Cube. Bei größeren Aufbauten, vor allem mit Steinen, kann es länger dauern, bis genau die richtigen, stimmigen Positionen gefunden sind.

Nun können Sie das Wasser einfüllen.

Tücken der Technik

Bringen Sie die Technik übersichtlich und leicht zugänglich an! Denken Sie daran, dass Sie einen Innenfilter zum Reinigen herausnehmen müssen. Probieren Sie dies vor der Bepflanzung des Beckens aus. Geht es nicht ganz leicht, wird das Wasser später beim Herumhantieren mit einer braunen Mulm- und Schlammwolke aus dem Filter eingenebelt.

Nicht alle Reglerheizer stellen die Temperatur genau ein und einige müssen am Anfang ständig nachjustiert werden. Auch entspricht die tatsächliche Temperatur oft nicht der am Regler eingestellten, es ist auf jeden Fall noch ein gutes Aquarienthermometer nötig.

Zu Beginn ist es wichtig, ein Präparat mit Bakterienkulturen einzubringen, die organisches Material wie Ausscheidungen der Fische, Futterreste und Ähnliches in Pflanzennährstoffe umwandeln.

Gut zu wissen

Konnte sich im neu eingerichteten Aquarium noch kein biologisches Gleichgewicht einstellen, entdecken Sie möglicherweise an Hölzern einen weißgrauen pelz- oder schimmelähnlichen Belag. Es handelt sich um Bakterien- oder Pilzbefall, der innerhalb Stunden sämtliches Holz überziehen kann.
Er ist völlig ungefährlich und verschwindet nach rund ein bis zwei Wochen von selbst, innerhalb von drei bis vier Tagen bei Anwesenheit ‚günstiger Bakterien'.
Dazu sollte nochmals EM-Gewässer, FB7 oder ein ähnliches Produkt (siehe Seite 83) ins Wasser gegeben werden.

Zweckmäßig ist es, den Reglerheizstab vor dem Filterauslaufrohr anzubringen, dann wird das erwärmte Wasser gleichmäßig im Becken verteilt. Auch der Flipper steht idealerweise vor oder in der Nähe des Filterauslaufs (siehe Seite 12 Einrichtungsplan).

Bepflanzung

Die Pads der Graspflanze *Lilaeopsis brasiliensis* sind zusammengewachsen auf Gitter erhältlich (siehe Seite 92). Sie werden vorsichtig in den Kies gedrückt und später wird an den Seiten noch etwas Kies angehäufelt. Die Moosmatte wird ausgelegt und etwas mit Kies beschwert. An den direkt lichtexponierten Stellen wird *Pogostemon helferi* gepflanzt, indem das Moos jeweils leicht zur Seite geschoben wird.

Mit einer Aquascaping-Pinzette drückt man die Pflanze vorsichtig in den Bodengrund, bis sie stabil sitzt (siehe Seite 91). Der Wurzelhals sollte ganz im Boden sein. *Vallisneria nana* dient in diesem Scape auch dazu, mit ihren Ausläufern die Technik mehr zu verstecken, so wie auch *Hygrophila* auf der rechten Seite. Der Ausgewogenheit halber wird sie um den rechten ‚Baum' herumgepflanzt.

Zur Erstversorgung und für schnelleres und besseres Verwurzeln werden vier bis fünf Startertabs in der Nähe der Pflanzenwurzeln in den Bodengrund gedrückt.

CO_2-Versorgung

Nach der Bepflanzung wird die CO_2-Anlage angeschlossen, hier eine Bio-CO_2-Gärflasche.

Beleuchtung

Das Licht wird in Betrieb genommen. Die vorgesehene Lichtmenge kann anfangs zu hoch sei, denn werden in der Eingewöhnungsphase die Nährstoffe im Wasser von den Pflanzen noch nicht aufgenommen, entwickeln sich schnell Algen. Daher werden in den ersten 14 Tagen Lichtmenge oder Beleuchtungszeit reduziert.

Die kahlen Bäume erhalten eine ansprechende Begrünung aus *Riccia fluitans*. Sie darf nicht so fest auf Unterlagen aufgebunden werden wie andere Moose, sonst wird sie an den betroffenen Stellen weiß und stirbt ab.

Durch das Pflanzen in die Moosmatte sieht *Pogostemon helferi* von Beginn an aus, als würde er schon seit Monaten hier wachsen.

Einrichtung von Becken und Hardscape 19

Die ‚Kleinen Grauen' Sulawesi-Inlandgarnelen zeigen ihre blaue Färbung leider erst, wenn sie beim Fotografieren angeblitzt werden. Sie sind unempfindlich, vermehrungsfreudig und suchen immer nach Aufwuchs, Algen und Futterresten. Sie haben ein interessantes Verhalten, oft bewegen sie sich, nur mit den vorderen Beinpaaren rudernd, wie schwerelos durchs Becken.

Das Becken wurde gefüllt und mit angeschlossener Technik, aber ohne Licht (!) zwei Tage stehen gelassen. Die Temperatur wurde eingestellt, auch der Filter arbeitete einwandfrei.
Jetzt wurde bepflanzt: zwei Pads *Lilaeopsis brasiliensis*, eine schöne, emers, das heißt, ohne Wasser bei hoher Luftfeuchtigkeit vorkultivierte Matte aus verschiedenen Moosen, der Kleine Stern *Pogostemon helferi*, die schmalblättrige *Vallisneria nana* und einige Stängel *Hygrophila polysperma*.

Bei diesem Scape brennt die Beleuchtung statt der späteren 11 Stunden anfangs nur 6 oder 7 Stunden. Nach einer Woche wird die Dauer dann schrittweise verlängert.

Tierische Bewohner
Nach den Pflanzen zogen einige kleine Korallenplatys im Scape ein. Diese Fische (Lebendgebärende Zahnkarpfen allgemein) können sehr früh ins frisch eingerichtete Aquarium gebracht werden. Aber bis zur vollen Entwicklung der schadstoffabbauenden Bakterien (siehe Seite 83, Nititpeak) dürfen sie nur äußerst sparsam zugefüttert werden. Die Fische zupfen den ganzen Tag kleinste Algenbeläge von Pflanzen und Einrichtung.

Mit eingezogen sind 20 Sulawesi-Inlandgarnelen, *Caridina parvidentata*, spezialisierte Algenvertilger, zugleich eine der unempfindlichsten und anpassungsfähigsten Zwerggarnelenarten. Auch einige Blasen- und Posthornschnecken verschiedener Farbe suchen nach abgestorbenen Pflanzenteilen, Algenaufwuchs und anderem Fressbaren.

Am Waldrand

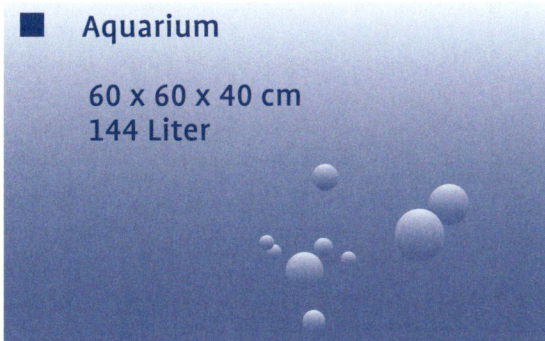

Aquarium

60 x 60 x 40 cm
144 Liter

Linke Seite:
Ein Becken, das so breit ist wie lang, erzeugt eine schöne Tiefenwirkung. Dieses Aquascape zeigt eine völlig bewachsene Landschaft, es gibt keine freie Stelle mehr.

Die Pflanzen

Den Vordergrund nehmen verschiedene Moose ein, durchsetzt mit *Glossostigma elatinoides* (Glosso), dem Australischen Zungenblatt, das selbst im Moos noch wie gewünscht niedrig bleibt. Links befinden sich kleine Bestände von *Hygrophila polysperma*, *Hedyotis salzmannii*, *Rotala rotundifolia* und *Staurogyne repens*. Ganz vorne etwas *Lilaeopsis brasiliensis* neben *Marsilea hirsuta*, dem Zwergkleefarn. Die vordere rechte Seite wird ebenfalls von niedrigem Moos bestimmt, aus dem *Bacopa monnieri*, *Bacopa australis*, *Hemianthus glomeratus* und wieder *Marsilea* herauswachsen.

Im Mittelgrund, noch vor dem großen, weit ausladenden ‚Baum' gedeiht auf der linken Seite *Polygonum* spec. Sao Paulo mit seinen schönen roten Spitzen neben *Potamogeton gayi*, und *Luwigia arcuata*. Die rechte Seite ist bepflanzt mit der Amerikanischen Wasserhecke *Didiplis diandra* und wieder *Ludwigia arcuata*. Mittig, direkt vor dem dominanten Stamm, die nur 7 cm hoch werdende Zwergform von *Hygrophila stricta*, einer interessanten Neuzüchtung.

Den Hintergrund bilden auf der linken Seite *Nesaea pedicellata* und *Sagittaria subulata*. Mittig hinter dem Stamm befinden sich *Hydrotriche hottoniiflora* und *Hydrocotyle verticillata*, die Hutpilzpflanze, auch Amerikanischer Wassernabel genannt. Rechts wachsen aus einem dichten Bestand des kleinen Wassernabels *Hydrocotyle cf. tripartita* einige Ranken des sehr schnell wachsenden Trugkölbchens *Heteranthera zosteraefolia* hervor. Der ‚Baum' ist eine Rote Wüstenwurzel, die ihre Farbe unter Wasser aber schnell von Hellrot nach Braun ändert.

Gestaltungsregeln

Der bestimmende ‚Baum' ist mittig angeordnet, von der Tiefe her befindet er sich im ⅔-Verhältnis des Goldenen Schnitts. Das hintere Drittel des Beckens ist mit hohen Pflanzen bewachsen, die vorderen zwei Drittel bilden eine weite freie Fläche nach der Regel ‚Der freie Raum'.

> **Tipp**
>
> Der Hintergrund besteht aus einer halbdurchsichtigen Folie eines Wolkenmotivs vor blauem Himmel.

Technische Details

Die Beleuchtung ist angesichts der großen Pflanzenvielfalt eher schwach. Das Becken wird mit vier 11 Watt-Leuchten mit Reflektor beleuchtet. Entsprechend der Faustformel Watt zu Liter sind dies nur circa 0,3 Watt pro Liter Wasser.

Die Lichtfarbe beträgt 6000 Kelvin (siehe Seite 68) und wirkt sehr ausgewogen, etwas ‚kühler' als natürliches Sonnenlicht. Allerdings erhält das Becken durch seinen Standort unweit eines Fensters viel Tageslicht. Die zusätzliche halbe Stunde direkte Sonne in den Abendstunden führte in der Einfahrzeit zu erhöhtem Grünalgenaufkommen.

Die Temperatur wird über einen Reglerheizer bei etwa 25 °C gehalten. Die große Menge an Pflanzen benötigt recht viel CO_2, das aus einer 500 g-Druckgasflasche zugeführt und im Becken durch einen großen Flipper verteilt wird.

Einrichtung

Sie können das Aquarium so einrichten, wie auf den Fotos rechts dargestellt.

Als Bodengrund dient Manado, ein gebranntes Tongranulat (siehe Seite 77). Es ist farblich schön, leicht und kann gut durchströmt und bepflanzt werden. Der vordere Bodengrund besteht aus einer ganz dünnen Schicht, nach hinten steigt er für mehr Tiefenwirkung an.

Der zentrale Baum, eine Rote Wüstenwurzel, wird so eingestellt, dass er stabil steht. Gegebenenfalls wird die Wurzel mit Steinen fixiert oder wie hier mit Angelschnur an einem Stein festgebunden. Dann wird noch Bodengrund aufgeschüttet.

Dieses Aquascape wurde von Anfang an zu 100 % bepflanzt, doch die Einfahrphase nicht ganz sachgemäß durchgeführt. Es entstand eine typische Nährstoffmangelsituation mit massivem Algenwuchs.

Pflege

Vermeidbare Fehler

Nach der Bepflanzung wurde die CO_2-Anlage zu spät installiert. Gedüngt wurde noch nicht, Stickstofferzeuger wie Fische und Schnecken waren noch nicht eingezogen, aber das Licht der niedrig stehenden Sonne gelangte ins Becken. Vor allem am Anfang sollte dies vermieden werden. Wenn das Aquarium gut mit Algenvertilgern besetzt ist, kann es eine halbe Stunde Sonne pro Tag bekommen, mehr ist kritisch.

Durch all dies bildeten sich eine Schicht weicher, watteartiger Grünalgen und einige kleine Blaualgennester am Boden. Die Grünalgen überzogen die Wurzel, Scheiben, sämtliche Pflanzen und Moose, in die sie sich richtiggehend einnisteten.

Tierische Algenbekämpfer

Was dann kam, war erstaunlich: Nach Einbringen einer einzigen Rennschnecke (*Neritina natalensis*) war die Wurzel innerhalb von drei Tagen völlig von Algen befreit. Danach begab sich die *Neritina* zur Rückscheibe und setzte ihre Arbeit genüsslich fort. Sie bekam noch Gesellschaft und alle Aquarienscheiben sind jetzt fast völlig algenfrei.

Darauf kam die nächste Überraschung: Es wurden rund 100 halbwüchsige Sulawesi-Inlandgarnelen, *Caridina parvidentata*, und etwa 100 kleine bis mittelgroße Red-Fire-Zwerggarnelen, *Neocaridina heteropoda*, eingesetzt. Das klingt nach viel, doch in einem Aquarium dieser Größe verschwinden sie in der dichten Bepflanzung. Was aber nach wenigen Tagen zu sehen war, war das Ergebnis ihrer Arbeit: kein Fädchen Grünalge mehr.

Nach mehrmaligem Absaugen der kleinen Blaualgennester, CO_2-Zugabe und Beginn einer moderaten Düngung, ist das Becken optisch algenfrei. Durch die Sonneneinstrahlung bilden sich auf den Scheiben ganz leichte Grünalgenbeläge, die von den Rennschnecken abgeweidet werden.

Pflege

Die vorderen Pflanzen sollten stets niedrig gehalten werden, sonst wirkt dieses Scape auch durch die vielen verschiedenen Arten in je nur wenigen Exemplaren schnell überladen. Sobald sie 4 bis 5 cm Höhe erreicht haben, werden sie komplett dicht über dem Wurzelhals abgeschnitten. So wachsen sie mit der Zeit in der gewünschten, etwas kleineren Form nach. Die hinteren Pflanzen werden erst mit Erreichen der Wasseroberfläche reguliert, wobei die geschnittenen Stängel auf 12 bis 15 cm eingekürzt und neu eingepflanzt werden. So entwickeln sich mit der Zeit dichte Bestände.

Das Grün des ‚Baumes' besteht aus *Lomariopsis*, dem sogenannten Süßwassertang, der ein evolutionsmäßig nicht voll entwickelter Farn ist. Er muss nur leicht aufgebunden werden und vermehrt sich an der lichtbevorzugten Stelle sehr gut.

Rechts oben: Die Sakura-Zwerggarnele ist eine Züchtung aus der Red-Fire-Zwerggarnele. Neuere Stämme sind intensiv rot und behalten ihre Farbe.

Rechts unten: Der Moskitobärbling Boraras brigittae wird nur etwa 3 cm groß und ist ein idealer Bewohner für jedes gut bepflanzte, nicht zu helle, auch kleinere Aquascape. Er sollte im Gegensatz zu den meisten Zierfischen auch als erwachsener Fisch möglichst zweimal täglich Futter bekommen.

Felsenschlucht

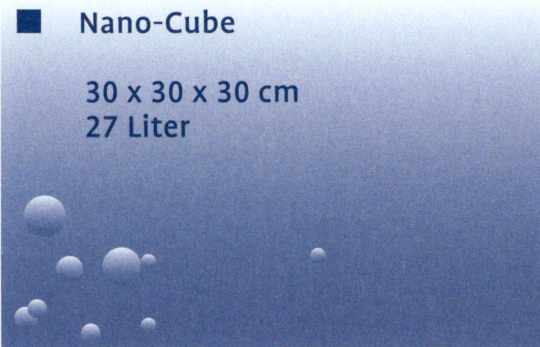

Nano-Cube

30 x 30 x 30 cm
27 Liter

Die Pflanzen
Zu beiden Seiten des Weges wächst ein dichter Bestand aus Javamoos, aus dem sich die niedrigen Blätter von *Marsilea hirsuta* recken. Um die Felsen herum stehen Büsche aus *Rotala rotundifolia*, der Kleinen oder Rundblättrigen Rotala. ‚Rundblättrig' bezieht sich auf die Landform dieser Sumpfpflanze. Unter Wasser werden die Blättchen oval und länglich, bei geringer Lichtintensität grün, bei höherer rot. Die Pflanze war lange Zeit als *Rotala indica* im Handel, die aber bestimmungsgemäß eine andere Art ist.

Sie ist mittelmäßig anspruchsvoll und passt sich in Blattgröße und -farbe den Bedingungen an. Sie sollte stets in der Nähe der Lichtquelle gepflanzt werden. Regelmäßig beschnitten, wächst sie zu einem dichten Busch. Sie ist in kleinen Becken vor allem für den Hintergrund, in größeren auch für den mittleren Bereich geeignet. Ein kleiner Schwarm Funkensalmler oder Feuertetra bewohnt das Becken.

Gestaltungsregeln
‚Der Weg' oder ‚Zwei Berge und ein Tal'. Die hohen Hauptsteine sitzen ziemlich genau auf den ⅔-Kreuzungslinien des Goldenen Schnitts, der kleinere links leicht außerhalb, um mehr freien Raum entstehen zu lassen. Der Weg muss etwas unregelmäßig verlaufen, sonst würde das Layout in zwei Hälften geteilt, was etwas konstruiert wirken würde.

Linke Seite:
Zwischen zwei sich auf gleicher Höhe gegenüberstehenden Felsen schlängelt sich ein Weg durch eine Landschaft aus Moos und Steinen. Die Szenerie erinnert an eine helle, lichte, bergige Höhenlandschaft.

Tipp

Der Hintergrund besteht aus einer hellblauen, leicht transparenten Folie, die rückseitig beleuchtet werden kann.

Der Weg besteht aus natürlichem hellbraunem Kies, optisch aufgelockert mit etwas Manado, das dieselbe Farbe hat wie die Steine. Pflanzenableger und Moos dürfen etwas in den Weg hineinwachsen, so wirkt das Ganze natürlicher.

Technische Details

Dieses Aquascape darf nicht zu intensiv beleuchtet werden, da außer den Rotalas keine lichtbedürftigen, schnell wachsenden Pflanzen enthalten sind: 11 Watt auf etwa 25 l Wasserinhalt genügen, was knapp einem halben Watt pro Liter entspricht. Schon bei dieser Beleuchtung, noch mehr bei stärkerer, muss mit dem Aufkommen verschiedener Grünalgen gerechnet werden.

Die Temperatur wird mit einem Reglerheizer auf rund 25 °C gehalten. Das Becken erhält Bio-CO_2 über einen kleinen Flipper.

Pflege

Dieses kleinen Biotop ist denkbar leicht zu pflegen: Zurückschneiden des Mooses, Freihalten des ‚Weges' und Kürzen der *Rotala*. Deren Stängel können einige Zentimeter flutend an der Wasseroberfläche entlang wachsen, bevor sie geschnitten werden. Dann zeigt sie die schönsten Farben und die kräftigsten Triebe. Sie werden etwa ⅔ eingekürzt, die Sprosse neu eingepflanzt. Sie treiben wieder aus und mit der Zeit entsteht ein dichter Bestand. Alle 14 Tage wird rund ⅓ des Wassers gewechselt.

Einrichtung

Wenn der Weg durch die Schlucht ziemlich genau in der Mitte verläuft, sollte er, um natürlich zu wirken, nicht exakt gerade angelegt sein. Der dritte, kleinere Felsbrocken wird etwas links, ganz leicht außerhalb des Goldenen Schnitts angebracht, um den freien Bereich vorn optisch zu vergrößern.

An stark lichtexponierten Stellen, vor allem auf der Spitze des rechten Steines, bilden sich nach wenigen Tagen leichte grüne Algenbeläge. Mit Rennschnecken und einigen Zwerggarnelen lässt sich dieser Cube recht leicht algenfrei halten.

Nährboden, darauf eine Schicht Kies mit der Körnung 1 bis 2 mm, bilden den Bodengrund. Das Hardscape besteht aus zwei Hauptsteinen und einem Felsbrocken vorn.

Marsilea hirsuta ist eine zu Unrecht wenig verwendete Vordergrundpflanze. Sie gedeiht bei den verschiedensten Wasserwerten, auch ganz ohne extra Düngung.

Marsilea ist eine der wenigen Vordergrundpflanzen, die mit geringem Licht auskommen, sie sollte allerdings nicht von anderen Pflanzen abgeschattet werden, sonst bildet sie höhere Stiele aus. Sie wird dann anstatt der etwa 3 bis 4 cm leicht 12 bis 15 cm hoch. Sie versucht dann auch, aus dem Wasser herauszuwachsen (emers).

Im Handel erhält man *Marsilea* meist in der emersen Form und schneidet sie nach dem Kauf bis auf circa 1 cm zurück. Das bedeutet, alle Pflanzenstiele bis kurz über dem Wurzelstock werden entfernt. Im Aquarium treibt sie mit kleinen submersen Unterwasserblättern neu aus.

Das Javamoos, *Taxiphyllum barbieri*, früher als *Vesicularia dubyana* bezeichnet, passt sich an die verschiedensten Wasser- und Lichtverhältnisse an. Entsprechend unterschiedlich können Farbe und Wuchsform sein. Es ist eine der empfehlenswertesten und anspruchslosesten Moosarten. Bei sehr starkem Lichteinfall wird das Javamoos aber gern von Grünalgen überwuchert.

Alte Bäume

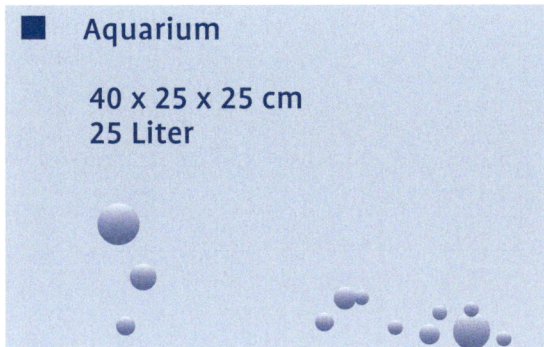

■ Aquarium

40 x 25 x 25 cm
25 Liter

Linke Seite:
Es ist ein schöner Anblick, wenn die kleinen Moskitobärblinge (*Boraras brigittae*) vor dem blauen Hintergrund ihre Runden drehen.

Die Pflanzen

Knorrige Bäume sind überwachsen mit *Riccia*-Moos, der größte Teil des Untergrunds wird von auf Lavasteine aufgebundene 'Mooskugeln' bedeckt, die vorher halbiert wurden. Die weitere Bepflanzung besteht aus Javamoos, der Graspflanze *Lilaeopsis brasiliensis* und dem Australischen Zungenblatt *Glossostigma elatinoides*.
Eine größere *Aponogeton*-Wasserähre breitet an der Wasseroberfläche ihre Blätter aus.

Gestaltungsregeln

Die Mopanihölzer sollten einen geschlossenen Bogen bilden, durch den hindurch der Blick auf den blauen Wolkenhimmel frei bleibt. Der Torbogen befindet sich von der Tiefe aus im ⅔-Verhältnis des Goldenen Schnitts.

> **Tipp**
>
> Den Hintergrund dieses Aquascapes bildet eine blaue, halbdurchsichtige Folie, die rückseitig mit einer kleinen LED beleuchtet werden kann.

Technische Details

Eine T5-Röhre, 59 cm, 24 Watt, mit Reflektor, in 20 cm Abstand über der Wasseroberfläche. Die Röhre beleuchtet noch ein kleines Becken direkt daneben. Die Pflanzen sind relativ lichtbedürftig (*Riccia*) oder -tolerant (*Marsilea*). Das *Riccia*-Moos zieht gern alle Nährstoffe an sich und breitet sich, je stärker das Licht, desto rasanter aus. Temperatur 23 bis 24 °C.

CO_2 aus einer 500 g-Flasche, die durch ein Zweiwegeventil auch das zweite Becken versorgt, wird mit einem kleinen Diffusor über den Auslauf des Innenfilters zugeführt.

Pflege

Die großen *Riccia*-Bestände werden wöchentlich gestutzt. Wegzupfen ist besser als Schneiden, sonst schwimmen viele Reste auf. Sulawesi-Inland- oder Schwebegarnelen und an Seiten- und Rückscheibe einige Rennschnecken reduzieren die Algen. Ein kleiner Schwarm Ohrgitter-Harnischwelse raspelt den sich ständig bildenden Aufwuchs auf den Hölzern ab. Alle 14 Tage werden 25 % des Wassers gewechselt.

Unter *Otocinclus affinis* werden verschiedene, nah verwandte Fischarten angeboten, der eigentliche *O. affinis* ist wohl aber nicht darunter. Diese Fische sollten in einem kleinen Schwarm gehalten werden.

Auch hier wurde Standardbodengrund, also zunächst Nährboden und darüber eine Kiesschicht, Körnung 1 bis 2 mm, gewählt. Das Hardscape besteht aus schönen knorrigen Mopaniwurzeln mit aufgebundenem *Riccia*-Moos.
Die Mopaniwurzeln müssen gut vorgewässert werden (siehe Seite 79). Sie gehen durch ihre natürliche Schwere auch im trockenen Zustand gut unter, färben aber anfangs das Wasser stark ein.

Dieses Aquascape durchlief einige Wandlungen. Zuerst war es mit auf Lavasteine aufgebundenen Moosbällen, *Aegagrophila linnaei*, etwas *Lilaeopsis brasiliensis* und mit *Glossostigma elatinoides*, besetzt. Glosso wuchs trotz gutem Licht nicht flach am Boden. Die Neuaustriebe taten dies zwar, die älteren Stängel aber trieben Wasserwurzeln und blieben aufgerichtet. Glosso wurde deshalb durch *Hydrocotyle cf. tripartita* ersetzt.

Weg zum See

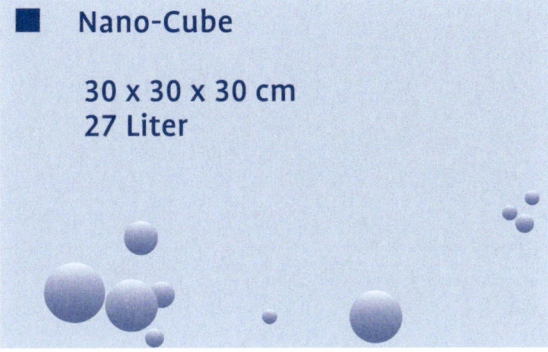

■ Nano-Cube

30 x 30 x 30 cm
27 Liter

Die Pflanzen

Beidseits des Wegs finden sich einige höher wachsende Pflanzen, vorn links eine Gruppe *Mayaca sellowiana*, das Zarte Mooskraut, weiter hinten vor dem beleuchteten Hintergrund beidseitig *Mayaca fluviatilis*, das Grüne Mooskraut. Vorn rechts ragt Laichkraut *Potamogeton gayi* in die Höhe, hinten die gutwüchsige *Nesaea pedicellata* und dicht am Bodengrund rechts etwas *Hemianthus callitrichoides* cuba.

Linke Seite:
Durch eine Moorwiese aus *Riccia*-Moos führt ein kleiner Weg, gebildet aus blauen Steinen. Links und rechts davon stehen zwei Baumstümpfe.

Mayacas sind lichtbedürftig und in weniger hartem Wasser leichter zu halten. Bei Gesamthärte 12 brauchen sie bereits sehr viel CO_2 und Nährstoffe, um nicht ihr Wachstum einzustellen.

Gestaltungsregeln

Beide Mopani-Baumstümpfe stehen hier ziemlich exakt auf den hinteren ⅔ Kreuzungslinien des Goldenen Schnitts. Der Weg beginnt vorn mittig und mäandert dann nach hinten, wo er im ⅔-Längenverhältnis endet. Wege, Bäche und andere Elemente der Landschaft dürfen nicht zu gerade und exakt angelegt sein, sonst wirken sie unnatürlich und trennend. Für die Gesamtwirkung ist es wichtig, dass der Weg nicht mit Pflanzen zuwächst.

> **Gut zu wissen**
>
> Der Hintergrund dieses Aquascapes besteht aus einer diffus hellblauen Folie, die rückseitig beleuchtet wird.

Technische Details

Zwei 11 Watt-Leuchten, sodass sich fast eine Beleuchtungsstärke von 1 : 1 ergibt also 24 Watt auf 27 Liter.
Temperatur etwas unter 25 °C. Bio-CO_2 aus einer 1 l-Flasche, über einen kleinen Flipper.

Pflege

Neben den üblichen Pflegemaßnahmen sollten durch die erhöhte CO_2-Zufuhr die Nährstoffgaben etwas üppiger sein. Die *Mayaca*-Arten in diesem Scape bekommen gut 30 mg/l CO_2.

Beide wuchsen in anderen Becken bei gleichen Härtegraden von GH12 und KH 9 mit weniger CO_2 nicht und zeigten nach einigen Wochen Auflösungserscheinungen.

Seien Sie bei Steinen, die nicht aus dem Fachhandel stammen, vorsichtig. Durch die mineralogische Zusammensetzung könnten gefährliche Stoffe für Fische und Garnelen schnell tödlich enden. So geben schöne blaue und grüne Steine wie Azurit oder Malachit Kupfer ans Wasser ab (siehe Seite 102).

Einrichtung

Der Bodengrund besteht aus Nährboden, abgedeckt von feinem Kies, Körnung 1 bis 2 mm. Die Bäume sind Mopaniwurzeln, die Steine für den Weg kräftig blaue Dumortierite als Farbkontrast zum Sattgrün der Pflanzen.

Das Gepunktete oder Gefleckte Blauauge, *Pseudomugil gertrudae*, braucht mehr Raum als etwa Moskitobärblinge. Bei den 27 Litern dieses Scapes sind nur halbwüchsige Tiere vertretbar, die später umgesiedelt werden. Der Fisch braucht Schwimmraum und dicht bewachsene Rückzugsgebiete.

Dumortierite sind im Gegensatz zu vielen anderen natürlich bunten Steinen uneingeschränkt verwendbar, allerdings nur schwer zu bekommen.

Drachenfelsen

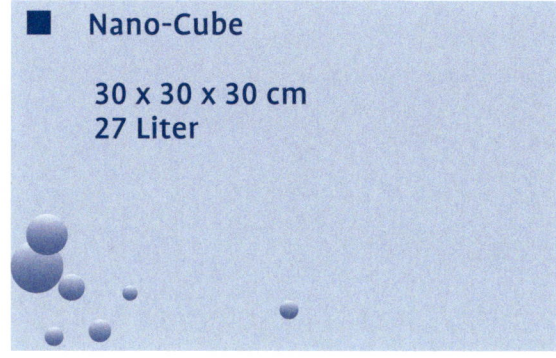

Nano-Cube

30 x 30 x 30 cm
27 Liter

Linke Seite:
Fünf halbkreisförmig angeordnete Felsen umrahmen eine spärlich bewachsene, stark nach vorne abfallende Hochebene.

Die Pflanzen

Links hinten wächst *Pogostemon helferi*, den man vor allem in der niedrigen Form kennt. Ohne Rückschnitt oder bei wenig Licht reckt er sich in die Höhe. Auch die Pflanze rechts, *Staurogyne repens*, ist eher in der niedrigen Form bekannt. In der Mitte bedeckt *Hemianthus c.* cuba den Boden. Es wird bei guter Beleuchtung und ausreichend Nährstoffen bald den ganzen Boden bewachsen. Es wächst in Kies, deutlich besser aber in Soil.

Gestaltungsregeln

‚Der freie Raum' mit den halbkreisförmig angeordneten, zerklüfteten Drachensteinen lässt Fläche im Zentrum frei, die ausschließlich mit *Hemianthus callitrichoides* cuba bepflanzt ist.

> **Tipp**
>
> Den Hintergrund bildet ein blauer Karton, der absichtlich etwas plakativ wirken soll.

Technische Details

Zwei 11 Watt-Leuchten mit Reflektor, Abstand zum Wasserspiegel 15 cm. Bio-CO_2 per Flipper.

Pflege

Rückschnitt der höher wachsenden Pflanzen und Neueinpflanzen der Stecklinge. Durch die zunächst geringe Bepflanzung ergibt sich ein Grünalgenrisiko: Licht fällt auf viel freie Fläche. Lichtintensität oder -dauer können aber wegen *Hemianthus callitrichoides* cuba nicht verringert werden. Vorbeugend sollten Zwerggarnelen, auch Geweih- und Rennschnecken eingesetzt werden. Rennschnecken bevorzugen Scheiben, Steine oder Hölzer, Geweihschnecken gehen auf Algensuche auch in Pflanzenbestände. Für die meisten Minifische, andere kommen sowieso nicht in Frage, ist dieses Becken noch zu kahl.

Staurogyne repens, eine relativ neue Aquarienpflanze, wächst langsam und ist für kleinere Becken gut geeignet. Sie kann durch öfteres Zurückschneiden schön buschig gehalten werden.

Drachenfelsen

Linke Seite von links oben nach rechts unten:
Mit feinkörnigem Kies lassen sich keine ansteigenden Ebenen gestalten, sie würden zusammenrutschen. Deshalb kommt auf eine etwa 1 cm hohe ‚Drainageschicht' aus feinem Kies kantiger, grober Kies in gewünschter Höhe.

Dann wird das Hardscape aus Drachensteinen, von denen es im Handel sehr schöne Exemplare gibt, eingebracht.

Die kantigen Steine lassen sich schwer bepflanzen und sie haben viele Ritzen, in denen organisches Material von den Pflanzenwurzeln nicht mehr zu erreichen ist. Fäulnisgefahr wäre die Folge.

Daher kommt eine etwa 3 cm dicke Schicht feinkörniger Kies darüber. Weil ein Teil davon absinkt, füllt man ab und zu gewaschenen Deckkies auf. Dann wird das teppichbildende *Hemianthus callitrichoides* cuba gepflanzt.

Oben: Die Bepflanzung in der Nahaufnahme.

Waldlichtung

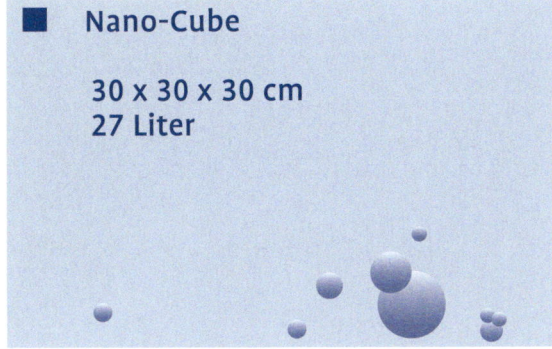

■ Nano-Cube

30 x 30 x 30 cm
27 Liter

Linke Seite: Über ein niedriges Gebüsch aus Zwerg-Perlkraut geht der Blick auf eine Lichtung, die vollständig mit Moos bewachsen ist. Weiter hinten stehen von hohen Büschen umgebene Bäume.

Die Pflanzen

Die ‚Bäume' bestehen aus Yati-Wurzeln, das ‚Gebüsch' hauptsächlich aus dem Rundblättrigen Perlkraut, *Micranthemum umbrosum*. Ganz links befindet sich die sich über Ausläufer recht schnell im Becken ausbreitende *Hydrocotyle verticillata*, etwas rechts der Mitte das Kirschblatt, *Hygrophila stricta*, als neue, nur bis 7 cm hohe Zuchtform. Die Ursprungspflanze würde viel zu groß werden.

Hemianthus callitrichoides ‚cuba' ist eine der kleinsten momentan erhältlichen Aquarienpflanzen.
Das HCC ist etwas anspruchsvoll, benötigt auch mehr Licht als das ähnlich aussehende *Glossostigma elatinoides*. Der CO_2-Gehalt im Wasser darf ebenfalls etwas höher sein (um 25- 30 mg/l).

Waldlichtung

Einrichtung: Der Boden aus Nährboden, darauf feinem 1 bis 2 mm-Kies, wird durch eine Deckschicht aus Lavagranulat ergänzt. Darauf kommen Lavasteine für die Moospolster. Das Yati für das Hardscape muss nur kurz gewässert werden, es sinkt sofort ab und färbt das Wasser kaum.

Die Mooskugeln werden vorsichtig aufgebrochen, flach ausgelegt, dann nochmals in einem Eimer Wasser gründlich ausgedrückt und auf einen Untergrundstein gebunden. Zur dauerhaften Fixierung könnte auch Nylonschnur verwendet werden.

Gestaltungsregeln

‚Der freie Raum' in kleinstem Maßstab. Darum herum lenken seitlich und hinten zwei Yati-Stämme und vorn zwei Gruppen *Hemianthus callitrichoides* cuba den Blick auf sich.

> **Tipp**
> Bei sehr dichter Bepflanzung kann auf einen Hintergrund verzichtet werden. Die Pflanzen erhalten auf diese Weise noch zusätzliches Licht.

Für die ruhige Gesamtwirkung darf die bemooste Fläche nicht zuwachsen.

Technische Details

Zwei 11 Watt-Leuchten mit Abstand zum Wasserspiegel 15 cm. Temperatur zwischen 23 und 24 °C. Bio-CO_2, eingeleitet über einen kleinen Flipper.

Pflege

Einen Rückschnitt braucht vorrangig das am schnellsten wachsende *Micranthemum umbrosum*. Erreicht es den Wasserspiegel, bilden sich hier die schönsten Ranken.

Diese Ranken dürfen eine Zeitlang fluten, bevor die Stängel etwa 10 cm über dem Boden abgeschnitten werden. Zur Vergrößerung der Gruppe können Stecklinge so eingepflanzt werden, dass sie den Altbestand und die Schnittstellen etwas überragen.

Das bekannte und beliebte Kirschblatt *Hygrophila stricta* als langsamwachsende nur wenige Zentimeter hoch werdende Zuchtform.

Die Moosmattensteine werden auf dem Bodengrund ausgelegt. Spalten zwischen den Steinen werden später bepflanzt, für das Kuba-Zwerg-Perlkraut bleibt vorn Platz frei.

> **Gut zu wissen**
>
> Die Mooskugeln beziehungsweise Mossmatten sind eigentlich Algenbälle, haben aber keine einzige der schlechten Eigenschaften ihrer Verwandten.

Die Ableger des Wassernabels entfernt oder ‚verlegt' man, sollten sie an der falscher Stelle auftauchen. Um vor allem die bemooste Lichtung algenfei zu halten, empfehlen sich Zwerggarnelen. Ist der Bestand an Zwerggarnelen groß genug, werden auch die Moosmatten penibel geputzt.

Beim 14-tägigen 25 %-Wasserwechsel wird der Moosbereich mit einem dünnen Schlauch abgesaugt, ruhig auch in den Polstern, um auch den feinen Mulm darin mit dem Altwasser zu entfernen.

Savannenbaum

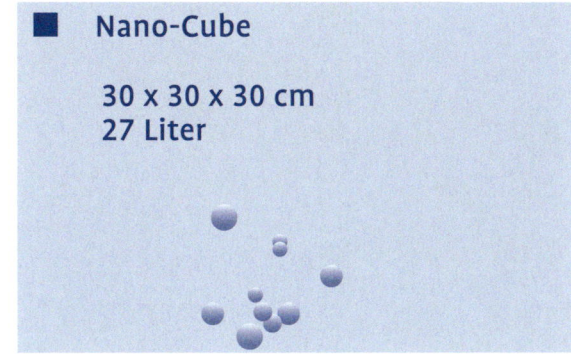

- Nano-Cube

  30 x 30 x 30 cm
  27 Liter

Eleocharis parvula oder *pussila*, die Zwerg-Nadelsimse, bleibt deutlich kleiner als *Eleocharis acicularis*. Sie braucht, um nicht zu kümmern, viel Licht, CO_2 und Nährstoffe.

Linke Seite:
Ein einzelner Baum steht mitten in einer Graslandschaft mit größeren Bruchsteinen. Das ‚Gras' besteht aus der Nadelsimse *Eleocharis*, die es in mehreren Formen gibt. Hier *Eleocharis parvula*, eine der beiden kleinsten erhältlichen Arten.

Die Pflanzen
Für dieses Scape wurde mit *Eleocharis parvula* eine der kleinsten Pflanzenarten gewählt. Das ‚Laub' des Savannenbaumes besteht aus *Hemianthus callitrichoides* cuba, diesmal in ‚luftiger Höhe'.

Näher am Licht gefällt es ihm, doch dafür muss, um Mangelerscheinungen zu verhindern, die Nährstoffversorgung über das freie Wasser gut sein.

Gestaltungsregeln
Eine einzige Regel wurde bei diesem außergewöhnlichen Scape beachtet: Der Baum steht nicht mittig, sondern leicht versetzt. Ansonsten wirkt das Layout durch Verzicht: es gibt nur zwei Pflanzenarten.

Einrichtung

Der Baum ist eine umgedrehte kleine Moorwurzel, der Bodengrund klassisch: Nährboden, darüber 1 bis 2 mm-Kies, alles von vorn nach hinten leicht ansteigend.

> **Tipp**
>
> Das fertige Aquascape bekommt als Hintergrund die Fotografie einer interessanten Wolkenformation vor absolut klarem, blauen Himmel. Sie gibt der kleinen Landschaft zusätzliche Tiefe.

Technische Details

Zwei mal 11 Watt mit Reflektoren, Lichtfarbe 6000 Kelvin, Abstand zum Wasserspiegel 15 cm. Temperatur knapp 25 °C. Bio-CO_2.

Pflege

Das Kuba-Perlkraut in den Baumwipfeln wird regelmäßig, am besten mit einer Aquascapingschere (siehe Seite 91) geschnitten. Die Nadelsimse am Boden wird nicht mehr höher, ältere Hälmchen allerdings werden mit der Zeit braun. Man kann sie abschneiden, auch dicht über dem Boden. Doch denken Sie an die Savanne in der Trockenzeit, dann ist das Steppengras hell bis braun.

Zur Algenreduktion empfehlen sich Zwerggarnelen sowie Renn- oder Geweihschnecken. Nur solche Minifische dürfen einziehen, die keine dichten Pflanzenbestände als Rückzug brauchen.

Wie bei niedrigen Pflanzen möglich, wurde trocken bepflanzt (siehe Seite 89). Nach dem Anbringen des HCC wird der Baum gut verankert, eventuell mit Steinen fixiert.

Linke Seite von links oben nach rechts unten:
Der ‚Savannenbaum' nimmt die ganze Breite des kleinen 30cm-Cubes ein. Diese Moorwurzel weist eine perfekte Bonsai-Form auf.

Eine einzige Pflanzenart am Boden soll bei dem fertigen Aquascape die Weite betonen.

Die Bruchsteine sind versteinertes Holz. Es gibt davon viele Varietäten und Farben, als Hardscape eignen sich die derberen besser als faserige.

Kuba-Perlkraut wird mit dunkelgrünem Faden oder Nylonschnur an die Astspitzen gebunden, eine etwas knifflige Arbeit. Der Faden darf das Pflanzengewebe nicht zerdrücken. Die Pflanze wächst langsam und braucht wenig Rückschnitt.

Rote Felsen

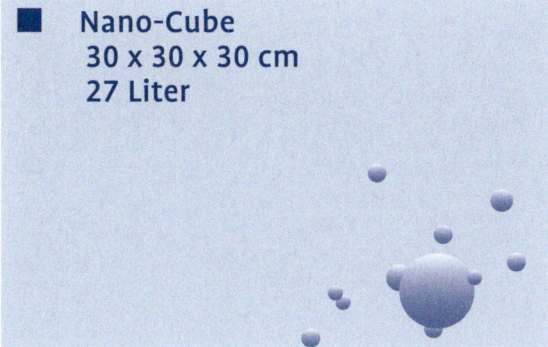

Nano-Cube
30 x 30 x 30 cm
27 Liter

Linke Seite:
Einige auffällige, rote Steinbrocken bilden eine Gasse. Sie wird auf beiden Seiten von dichten Büschen gesäumt, die unter der Wasseroberfläche fluten und nur wenig Licht durchlassen.

Die Pflanzen
Der Busch links besteht aus Zierlichem Perlkraut, das ganz ähnlich aussieht wie das Rundblättrige rechts. Das Zierliche Perlkraut ist zart, veralgt allerdings leicht und kümmert dann nur.

Damit auch die roten Jaspisfelsen keine grüne (Algen-) Patina bekommen, sollte in dieses kleine Aquascape alsbald ein Trupp Zwerggarnelen einziehen.

Das Rundblättrige Perlkraut ist weniger empfindlich und hat rundliche, etwas festere Blättchen. Ganz hinten ist ein Papageienblatt, *Alternanthera reineckii*, zu sehen, rechts zwischen den Felsen wächst eine kleine Gruppe *Staurogyne repens*. Die schmalblättrige Pflanze links hinter der Wurzel ist eine *Vallisneria nana*.

Gestaltungsregeln
Alle vier Steine stehen auf den ⅔ Kreuzungslinien des Goldenen Schnitts. Nach der Regel, möglichst immer eine ungerade Anzahl an Dekorationselementen zu verwenden, wurde an der Rückseite eine Wurzel angebracht, die durch ihren leicht rötlichen Farbton gut zu den Steinen passt. Da die Steine recht groß sind, würde ein fünfter den kleinen Cube überladen. Dieses Scape ist sehr plakativ gestaltet, mit den starken Farben Rot, Grün und Blau.

Tipp
Den Hintergrund bildet eine blaue Folie, die zusätzlich mit einer kleinen LED beleuchtet werden kann.

Vom Papageienblatt *Alternanthera reineckii*, einer bekannten Aquarienpflanze, gibt es nun auch eine klein bleibende Zuchtform. Emers ist die Pflanze eher rötlich-grünlich gefärbt, die Unterwasserform kann grellrot werden.

Das Rundblättrige Perlkraut ist weniger empfindlich als ihre Verwandte, äußerlich unterscheidet sie sich durch ihre rundlichen, etwas festeren Blättchen.

Technische Details
Zwei 11 Watt-Leuchten, Temperatur circa 24 °C. Kein CO_2, denn Vordergrundpflanzen und Bodendecker gibt es nicht und *Alternanthera* und *Staurogyne* brauchen nicht schnell und üppig zu wachsen. Die dominierenden Perlkräuter haben auch nach dem Rückschnitt Kontakt zum Luftraum über der Wasseroberfläche und holen sich CO_2 direkt von dort. Insgesamt muss die Nährstoffgabe leicht nach unten angepasst werden.

Pflege
Die Perlkrautbüsche müssen zwischendurch zurückgeschnitten werden, in beliebiger Höhe, sie wachsen immer nach. Bei diesem Scape werden sie öfter, dafür aber sehr wenig gestutzt. *Staurogyne* wächst nach einigen Rückschnitten kurz über dem Boden gedrungener nach.

Hat die *Alternanthera* den Wasserspiegel erreicht, empfiehlt es sich, einen Kopfsteckling von mindestens 12 bis 15 cm zu machen, kleinere wachsen oft nicht gut weiter. Zwerggarnelen sollten nicht fehlen, denn in den Perlkrautbüscheln bilden sich gern Grünalgennester. 25 %-Wasserwechsel, alle 14 Tage.

Einrichtung
Als Deckschicht über dem Nährboden wurde wegen seiner angenehm rötlich braunen, natürlichen Farbe Manado gewählt.
Es passt ideal zu den vier großen Jaspis-Steinen. Mit den sattgrünen Pflanzen und dem tiefblauen Hintergrund ergeben sich so starke Farbkontraste.

Oben links:
Als Deckschicht über dem Nährboden wurde wegen seiner angenehm rötlich braunen, natürlichen Farbe Manado gewählt.

Oben rechts:
Die Felsen aus Rotem Jaspis werden vorsichtig in den Cube gebracht und gut fixiert.

Rechts:
Eine kleine Moorkienwurzel bildet den Abschluss der ‚Gasse'.

In den Hochalpen

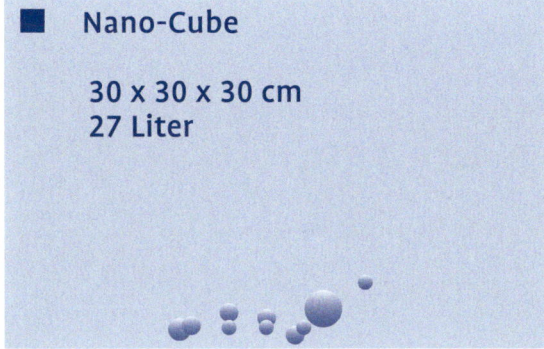

Nano-Cube

30 x 30 x 30 cm

27 Liter

Linke Seite:
Die Abendstimmung in diesem Aquascape wird durch einen kleinen Halogenstrahler erzeugt, der kurz vor Abschaltung der Hauptbeleuchtung für etwa eine Stunde zugeschaltet wird. So ist der Tag-Nacht-Übergang fließend.

Die Pflanzen

Hier eignen sich auf der linken Seite die kleine Sternpflanze, *Pogostemon helferi*, und *Eleocharis parvula*, die Zwerg-Nadelsimse, auf der rechten Seite ideal. Ganz im Hintergrund rechts stehen einige Grüppchen *Hedyotis salzmannii*.

Pogostemon helferi passt ideal in diese Gebirgslandschaft. Hinten kann es etwas höher wachsen, vorn muss er niedrig bleiben, um die Weite der Fläche zu erhalten.

In den Hochalpen

Kaum zu glauben, dass diese plastische Landschaft in einem 30 cm-Würfel verwirklicht wurde. Derbe Felsen bilden den Vordergrund, hinten ragen drei einzelne Berge auf. Der Clou ist das fast mittige Rinnsal aus klaren Bergkristallen. Für räumliche Tiefe sind die vorderen Kristalle größer.

Der grobe, kantige Kies erlaubt steile Anstiege. Vor der Bepflanzung muss noch eine Deckschicht aus feinem Kies eingebracht werden.

> **Tipp**
>
> Als Hintergrund ist ein kräftig blauer Karton angebracht.

Gestaltungsregeln

‚Die Harmonischen Linien' und ‚Der freie Raum'. Die drei aufragenden Berge liegen auf den harmonischen Linien und setzen sie zu den großen liegenden Steinen rechts und links vorn in einem gedachten Halbkreis fort.

Der zentrale Bereich ist hier schwach bepflanzt. Der kleinste der drei Berge wurde für räumliche Tiefe etwas nach hinten versetzt.

Die Miniaturlandschaft wird lebendig durch den Bach, der im Hintergrund entspringt, durch die Landschaft fließt und sich vorn dann in einen Wasserfall ergießt. Dass der Bach mittig verläuft, widerspricht zwar dem Goldenen Schnitt, erzeugt aber in diesem Fall die Dynamik.

Technische Details

Zwei Kompaktröhren, je 11 Watt mit Reflektor. Die eine brennt 11, die andere 4 Stunden. Abends wird ein kleiner Halogenstrahler für etwa 1 Stunde zugeschaltet. Temperatur 24 °C. Kein CO_2, die Pflanzen sollen langsam wachsen, damit der Bodengrund teilweise frei bleibt.

Einrichtung 55

Das Hardscape in Form von Steinen wird eingebracht. Die zwei großen vorderen Steine stellen große Findlinge dar, dahinter kommen kleinere Steine, was optisch schon eine gewisse Tiefe erzeugt. Die drei aufrechten Steine ganz hinten repräsentieren Berge im Hintergrund.

Die Deckschicht aus feinem Kies wird in einer Höhe von 3 bis 4 cm aufgebracht. Sie verhindert ein Einsinken von organischen Stoffen in tiefere Schichten des Bodengrunds.

Das Rinnsal wird aus klaren Bergkristallen gebildet. Verwendbar sind Quarze, die für Zimmerbrunnen erhältlich sind.

Pflege

Die Pflanzen sollen nicht höher werden, sonst würde der Eindruck der weiten Landschaft zerstört. Sie werden öfter getrimmt. Wechsel von rund 25 % des Wassers alle 14 Tage, Filterreinigung einmal im Monat, Algenkontrolle mit Zwerggarnelen und Renn- oder Geweihschnecken.

Einrichtung

Die mindestens 15 cm ansteigende Hochebene soll spärlich bepflanzt sein. Nährboden kommt also nicht in Frage, die Wurzeln der kleinen Pflanzen kämen sowieso nicht dorthin.

Auf eine dünne Schicht Feinkies kommt eine Lage grober, kantiger Kies, mit dem sich der Anstieg gut modellieren lässt (siehe Seite 75). Für die Gasse in der Mitte wird der grobe Kies auf beiden Seiten etwas höher gezogen.

Afrika

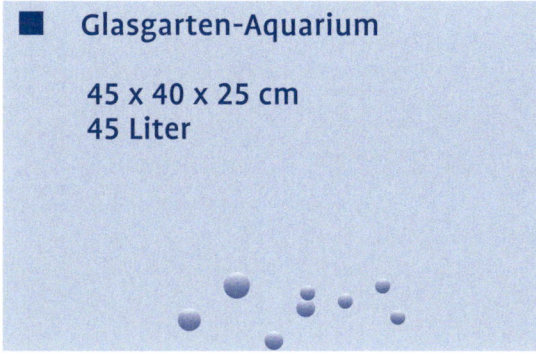

■ Glasgarten-Aquarium

45 x 40 x 25 cm
45 Liter

Linke Seite:
Ein ausladender Baum ist der Blickfang in dieser Landschaft, die von roten Geröllsteinen mit spärlicher, niedriger Bepflanzung geprägt ist. In den hinteren Bereichen wird sie etwas dichter und auch höher. Der ‚Wüstenbaum' trägt *Riccia*-Moos als Laub.

Die Pflanzen
Die grasartige *Eleocharis parvula* und *Hydrocotyle cf. tripartita*, ein kleiner Wassernabel mit nicht ganz runden Schirmchen bilden die Hauptpflanzengruppen dieses Scapes. *Eleocharis* darf nicht überwuchert werden, sonst hört sie auf zu wachsen. So muss der Wassernabel, der vor allem bei reichlich Licht und Nährstoffen sehr gut gedeiht, öfter geschnitten werden,.

Gestaltungsregeln
Das Hauptgestaltungsmittel, der Baum, steht ziemlich exakt auf dem linken hinteren Kreuzungspunkt des Goldenen Schnitts. Der Hauptast verläuft genau auf der horizontalen ⅔-Linie. Dies gibt dem Scape eine gewisse Ruhe. Vor dieser ⅔-Linie sind die Pflanzen niedrig, dahinter ragen sie mehr in die Höhe.

Posthornschnecken sind sehr nützliche Bewohner jedes Aquascapes. Ihr Farbspektrum reicht von braun über rot zu blau.

Die gründlich gewässerte Wurzel wurde mit Sandsteinen im Boden verankert. Dazu kamen einige größere Buntsandsteine als Geröll. Roter Buntsandstein als Substrat zeigte im weiteren Verlauf keine Vorteile gegenüber üblichem Feinkies. Buntsandstein und Rote Wüstenwurzel färbten sich bald ins Bräunliche.

Abendlicht. Die Hauptbeleuchtung ist aus, der kleine Halogenstrahler mit Sonnenlichtspektrum setzt Lichtpunkte.

Tipp
Als Hintergrund wurde ein Fotoabzug eines blauen Sommerhimmels angebracht.

Technische Details
Eine 24 Watt-T5-Röhre JBL Solar, Lichttemperatur 4000 Kelvin, einer sehr warmen, leicht gelben Lichtfarbe. Zusätzlich eine kleine Halogenlampe mit sonnenlichtähnlichem Spektrum von 5000 Kelvin als Spot. Die Hauptbeleuchtung ist täglich 11, der Spot 6 Stunden in Betrieb. Temperatur 23 °C, die Beleuchtung heizt noch um etwa 1 Grad auf. CO_2-Zugabe aus der 500 g-Druckgasflasche über einen Flipper.

Pflege
Die Pflanzen und Moose erfordern Detailarbeit. Einige werden versuchen, das kleine Biotop zu dominieren, deshalb müssen die wuchsfreudigsten ausgelichtet werden. Hervorragend bewährt in diesem Scape hat sich die tierische Putztruppe: Zwerggarnelen für den Pflanzenbereich, Renn- oder Geweihschnecken für Holz und Scheiben.

Rechte Seite: Zwerggarnelen (unten) lieben dichten Bewuchs aus Moosen und Bodendeckern sowie Wurzeln und höhere Pflanzen als Ruheplätze. Die großen Amanogarnelen, *Caridina japonica* (oben), sind besonders effektive Algenvertilger. Sie vermehren sich allerdings in Süßwasser nicht.

Pflege 59

Schilf am See

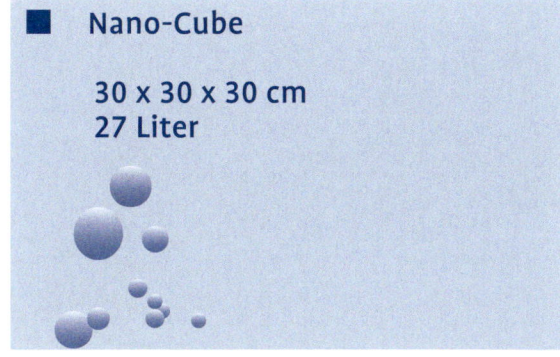

- **Nano-Cube**

  30 x 30 x 30 cm
  27 Liter

Eine Sommerwiese – nicht mit Vögeln, sondern bunten Guppys.

Linke Seite:
Die Augen schweifen von einer weißen Sandebene auf einen Halbkreis aus Steinfindlingen. Von dort bis zur hinteren Begrenzung des Beckens zieht sich ein grüner Schilfgürtel aus Nadelsimse.

Die Pflanzen
Aus dem *Eleocharis acicularis*-Schilfgürtel wachsen vereinzelt Trugkölbchen, *Heranthera zosteraefolia*.

Gestaltungregeln
Sand- und bepflanzte Fläche wurden im Verhältnis 1:3 aufgeteilt, wobei die horizontale ⅔-Linie von den weißen Findlingen gebildet wird.

Technische Details
Zweimal 11 Watt, mit Reflektor, Lichtfarbe 6000 Kelvin. Die hintere Lampe bleibt 11, die vordere nur am Abend für 2 Stunden eingeschaltet, sonst würde die freie Fläche von Algen besiedelt. Temperatur 24 °C. Bio-CO_2 circa 15 bis 20 mg/l, über einen Micro-Flipper.

Tipp

Das Foto eines schönen Sommertages eignet sich für dieses Scape besonders gut als Hintergrund.

Nährboden wird nur hinten, wo Bepflanzung vorgesehen ist, eingebracht. Mit Kies bedeckt, bleibt die vordere Hälfte für die Findlinge frei. Diese werden zu beiden Seiten hin etwas höher eingebracht, hier sollen sie aus dem Sand ragen.

Eleocharis acicularis in Form von zwei Pads wurde in den feinen Kies über dem Nährboden gepflanzt, vorn schöner Spezialsand aus dem Zoohandel aufgefüllt. Auch er muss gründlich gewaschen und nass eingebracht werden.

Pflege

Eleocharis acicularis wird nicht viel höher. Braune Stellen können dicht über dem Boden abgeschnitten, zu viele, in die Sandfläche treibende Ausläufer entfernt werden. *Heteranthera zosteraefolia* wächst schnell und sollte nicht zu dicht werden, sonst verliert das Scape an Charme.
Zu lange Stängel schneidet man so weit unten wie möglich ab. Eingekürzt können sie zwischen die Nadelsimse gesteckt werden, sie wachsen auch ohne Wurzeln weiter.

Gut zu wissen

Bei diesem Layout sollte der 25 %-Teilwasserwechsel wöchentlich gemacht werden. Der Guppy-Besatz ist hoch und die weiße Fläche würde schnell mit organischen Reststoffen bedeckt.
Dabei wird die Sandfläche mit einem dünnen Aquarienschlauch abgesaugt. Ab und zu muss gewaschener Sand nachgefüllt werden, also einen Vorrat bereithalten!

Guppys sind Klassiker, es gibt sie in unzähligen Farben, Formen und inzwischen auch als Zwergform, die Endler-Guppys. Allerdings sind nur die Männchen kleiner. Will man sie artgerecht halten, sollten auf ein Männchen 2 bis 3 Weibchen kommen.

Das Scape eignet sich nur für die weniger scheuen Zwerggarnelen, etwa Red Fire, *Neocaridina heteropoda*, oder *Caridina parvidentata*. Renn- oder die kleinen Geweih- oder Hörnchenschnecken halten Scheiben und Steine algenfrei.

Einrichtung und Pflege

Ein gut und reichhaltig bepflanztes Aquascape funktioniert anders als ein fischbetontes Gesellschaftsbecken. Um ein gesundes biologisches Gleichgewicht zu erreichen, muss man beide Aquarientypen verstehen und sie entsprechend behandeln. Wie Sie Ihr Aquascape einrichten, pflegen und in Balance halten, erfahren Sie hier.

Ein Landschaftsaquarium gestalten

Das fischdominierte, typische Gesellschaftsbecken hat meist relativ wenige Pflanzen, schnell wachsende sind kaum dabei. Die Fische werden tendenziell zu gut gefüttert. So ist die Erzeugung von Pflanzennährstoffen aus Fischausscheidungen, Futterresten und abgestorbenen Pflanzenteilen höher als der Verbrauch. Was zu viel wird, vor allem Nitrat und Phosphat, muss über Wasserwechsel verdünnt werden.

Beim Pflanzenaquarium/Aquascape ist es genau umgekehrt. Die meist wenigen tierischen Bewohner erzeugen zu geringe Mengen an Makronährstoffen, um die Bedürfnisse des meist mit viel Licht zu kräftigem Wachstum angeregten Pflanzenbestandes zu erfüllen.

Gut zu wissen

Ein Gleichgewicht stellt sich in einem biologischen System dann ein, wenn Erzeugung und Verbrauch von Nährstoffen aufeinander abgestimmt sind. Hier ergeben sich bei den zwei Aquarientypen gegensätzliche Kreisläufe.

Wichtige Zusammenhänge

Was beim Fischbecken zu viel war, muss im Pflanzenaquarium dagegen zugeführt werden. Die meisten nicht gut laufenden Gesellschaftsaquarien leiden an zu geringem Pflanzenbestand und Überangebot an Hauptnährstoffen.

Nicht funktionierende Aquascapes leiden charakteristischerweise an zu viel Licht, zu wenig Hauptnährstoffen, keiner oder zu wenig Makrodüngung oder diese im falschen Verhältnis. Sind diese Zusammenhänge erkannt und die Verhältnisse korrigiert, kann sich ein Gleichgewicht einstellen. Es entsteht dann ein Aquascape, das funktioniert und Spaß macht.

Eine einfache blaue Folie oder ein Fotokarton als Hintergrund bringen meist gute Ergebnisse, es gibt jedoch auch Alternativen.

Fotorückwände sind bei klassischen Aquascapes nicht gebräuchlich. Doch dieses Beispiel zeigt, wie die Tiefenwirkung mit einem Foto, verglichen zur einfachen, blauen Folie, stark erhöht wird.

Messen und beobachten
Pflanzenaquaristik ist immer eine Gratwanderung zwischen gutem Pflanzenwachstum, Algenaufkommen und dem Deuten von Mangelerscheinungen bei den Pflanzen. Dabei hilft die Kombination von Messen und Beobachten.

Den NPK-Verbrauch (Stickstoff/Phoshor/Kalium) Ihres Aquascapes können Sie mit Wassertests exakt ermitteln. Der Tagesbedarf jedes einzelnen Stoffes wird durch zwei Messungen festgestellt, die erste kurz nach der Düngung, sobald die Stoffe durch die Strömung verteilt sind, die zweite nach etwa 24 Stunden. Als Differenz erhalten Sie den Wert für den exakten Bedarf jedes Düngestoffs, den Sie dann täglich zuführen können.

Neben GH, KH und sporadisch pH sind Messreagenzien für Nitrat, Phosphat und Kalium sehr zu empfehlen. Eisen messen Sie nur als Gesamteisen, andere Tests, etwa für Kupfer, Ammonium oder Ähnliches nur bei vermuteter spezifischer Problemlage.

Mit der Zeit bekommen Sie Ihr Scape immer besser in den Blick, Anfangsschwierigkeiten verschwinden, das biologische Gleichgewicht im Aquarium wird stabiler und Sie haben schönen Pflanzenwuchs, gesunde Tiere und kristallklares Wasser.

Der Hintergrund schafft die Stimmung

Im Aquascaping werden Hintergründe verwendet, die das dargestellte Landschaftsbild erweitern, wie helle, milchglasähnliche oder hellblaue, halbtransparente Folien. Rückwärtige Beleuchtung, etwa mit einer kleinen LED, schafft interessante Effekte.

Welche Technik brauche ich?

Sie ist bei den Aquascapes oder Naturaquarien zwar grundsätzlich die gleiche wie bei den anderen Aquarien, und doch gibt es Unterschiede.
Beleuchtung. Die kleinen, im Aquascaping beliebten teppichbildenden Vordergrundpflanzen benötigen eine höhere Lichtmenge für gesundes, flächiges Wachstum.

Bei schwachem Licht wachsen sie nach oben, um ans Licht zu gelangen. Bei 0,3 Watt/Liter sind nicht alle Pflanzen kultivierbar, bei etwa 0,5 Watt/Liter dagegen fast alle.

Lichtwerte um 1 Watt/Liter werden nur von wenigen Aquarienpflanzen benötigt, die bei solchem Starklicht aber einen erhöhten Nährstoffbedarf haben. Licht kurbelt die biologischen Prozesse an, und diese in Balance zu halten, ist nicht ganz leicht.

> **Info**
> Als Faustregel bei Verwendung von Reflektoren gilt ein Lichtbedarf von 0,3 bis 1 Watt pro Liter Beckeninhalt als günstig. Die Gesamtbeleuchtung eines 100 Liter-Beckens sollte also 30 Watt bis 100 Watt betragen.

Beheizung. Sie erfolgt meist über Reglerheizer oder auch externen Heizer, der in den Wasserkreislauf des Außenfilters eingeschlossen wird oder schon dort integriert ist. Eine zusätzliche, sehr schwache Bodenheizung (Bodenfluter) könnte erwogen werden, ist aber im Aquascaping nicht gebräuchlich.
Filterung. Sie wird meist mit Innen- oder Außenfilter durchgeführt. Im pflanzenbetonten Aquascaping werden allerdings andere Filtermaterialien eingesetzt als in Fischbecken (siehe Geringfilterung Seite 72)
Kohlendioxid CO_2. Der größte Unterschied eines Aquascapes zum Zierfischaquarium besteht in der CO_2-Anlage. Sie erzeugt den für die Aquarienpflanzen lebensnotwendigen Hauptnährstoff. Zwei Varianten stehen zur Wahl: CO_2 aus der Druckflasche oder Bio-CO_2 aus Hefegärung.

Die Quantität des Lichts

Messbare Lichtenergie wird auf verschiedene Weise ausgedrückt:
- Lumen (lm) ist die Einheit für den abgestrahlten Lichtstrom. Auf LED-Lampen wird sie häufig angegeben.
- Lux (lx) ist die Maßeinheit für die ankommende Helligkeit auf einer Fläche, etwa einem Pflanzenblatt oder dem Bodengrund.

Eine nicht genaue Maßeinheit ist die Stromaufnahme des Leuchtmittels in Watt. In der Aquaristik wird sie bezogen auf die Literzahl des Beckens. Als Untergrenze für das Pflanzenaquarium gilt etwa 0,3 Watt pro Liter Beckeninhalt und bezieht sich auf Lampen und Leuchtstoffröhren mit gutem Reflektor.

Ohne Reflektor sind 30 bis 50 % abzuziehen. Eine T8-Leuchtstoffröhre mit 25 Watt Leistung ginge dann mit etwa 12 bis 16 Watt in die Berechnung ein. Eine T5-Röhre wird durch ihre bessere Lichtausbeute gegenüber der T8 etwa 25 % höher angesetzt. Kompaktleuchtstoffröhren für Nanobecken haben eine etwas geringere Lichtausbeute. 22 Watt auf 30 Liter entsprechen hier einer mittleren Leuchtstärke, und auch nur dann, wenn die Röhre mit einem guten Reflektor ausgestattet ist.

> **Gut zu wissen**
>
> Wichtig ist der Abstand des Leuchtmittels zum Wasserspiegel: Hängt die Lampe höher, verringert sich die Lichtleistung im Becken. Außerdem verstärken sehr hohe Becken die Lichtverluste im Wasser deutlich.

Das Watt-pro-Liter-Maß ist nur ein Richtwert, mit dem Vorteil, dass er sich leicht ohne Messung ermitteln lässt. Gemessen werden kann Licht mit einem Luxmeter. Einfache sind preisgünstig, wasserdichte für die Aquaristik teurer.

Schwachlicht (Low-Light) – etwa 0,3 Watt pro Liter Beckeninhalt

Ein Aquascape mit geringer Beleuchtungsstärke ist die pflegeleichteste Version eines Pflanzenaquariums. Es sind nur geringe Mengen von zusätzlichem CO_2 nötig: etwa 8 bis 15 mg/l Wasser. Auch Nährstoffe brauchen nur begrenzt zugeführt werden.

Schwachlichtbecken kann man sogar ganz ohne CO_2-Zuführung und mit geringen Gaben von Düngestoffen im biologischen Gleichgewicht halten. Dann sollte allerdings ein entsprechender tierischer Besatz vorhanden sein, der die Grundnährstoffversorgung der Pflanzen garantiert.

> **Gut zu wissen**
>
> Der Begriff Schwachlichtbeleuchtung in der Pflanzenaquaristik entspricht in etwa der Normalbeleuchtung eines Gesellschaftsaquariums.

Im Schwachlichtbecken ist der Pflanzenwuchs langsamer, die Gefahr von Grünalgenplagen geringer. Wasserwechsel brauchen seltener durchgeführt werden, die Auswahl der Pflanzen ist eingeschränkt.

Mittelstarkes Licht – etwa 0,5 Watt pro Liter Beckeninhalt

Dies ist der Standard im Aquascaping-Bereich. Mit 0,5 W/l sind fast alle erhältlichen Aquarienpflanzen gut zu pflegen, auch die lichtbedürftigen Bodendecker. Ein solches Aquascape erfordert etwas mehr Aufmerksamkeit als ein Schwachlichtbecken. Mittelstark beleuchtete Becken benötigen entsprechend höhere CO_2- (von 15 bis 25 mg/l) und höhere Nährstoffwerte. Die Pflanzen wachsen schneller.

Für jede Beleuchtungsstärke im Aquarium gibt es Pflanzen, die sich besonders dafür eignen, hier etwa *Marsilea*, die mit wenig Licht auskommt.

> **Gut zu wissen**
>
> Einige besonders lichtbedürftige Arten, wie manche rotblättrigen Stängelpflanzen und der Bodendecker *Hemianthus callitrichoides* cuba sollten sich im günstigen Abstrahlwinkel der Lichtquelle befinden.

Verzichtet man weitgehend auf besonders schnell wachsende Stängelpflanzen, ist ein Scape mit dieser Beleuchtungsstärke aber immer noch recht pflegeleicht.

Starklicht – etwa 1 Watt pro Liter Beckeninhalt

Aquascapes mit einer Beleuchtungsstärke von 0,8 bis 1 W oder darüber rechtfertigen den Aufwand nur, wenn ganz spezielle Layouts verwirklicht werden sollen: ausschließlich die lichtbedürftigsten, viele rotblättrige Pflanzen, sehr große Flächen mit lichthungrigen Bodendeckern, vor allem *Hemianthus callitrichoides* cuba, große Bestände von *Riccia*, sehr hohe Becken und Ähnliches.

Obergrenze ist etwa 1,3 W/l, darüber erhöhen sich die Wachstumsraten der Wasserpflanzen nicht mehr. Starklichtaquarien verlangen sehr hohe CO_2-Werte von etwa 25 bis 30 mg/l. Manche Scaper gehen noch darüber, was dann allerdings mit dem tierischen Besatz abgestimmt sein muss.

> **Gut zu wissen**
>
> Sehr hohe CO_2-Zuführungen müssen während der Nacht heruntergefahren werden (Nachtabschaltung), sonst kann der CO_2-Wert in für Fische gefährliche Bereiche steigen.

Einfluss auf die Lebensprozesse

In sehr stark beleuchteten Becken müssen Makro- und Mikronährstoffe in größerer Menge in kürzeren Abständen zugeführt werden. Die große Lichtmenge erhöht den Pulsschlag der Lebensprozesse.

Bei starkem Licht steigt der pH-Wert des Wassers, weil durch die verstärkte Photosynthese der Pflanzen mehr CO_2 verbraucht wird. Die Pflanzen in Höchstleistung erzeugen mehr Sauerstoff, es entsteht ein oxidierendes Milieu, in dem Spurenelemente in höhere Wertigkeitsstufen verbracht werden und den Pflanzen nicht mehr unmittelbar zur Verfügung stehen. Geht ein Makronährstoff oder Spurenelement in den Mangel, stockt der Pflanzenwuchs – die Stunde der Algen ist gekommen.

Gute Abstimmung ist wichtig

Ein Starklichtaquarium verzeiht wenige Fehler und verlangt genaue Beobachtung. Was beim Pflanzplan oft nicht bedacht wird: Trifft viel Licht auf freie Flächen, entstehen dort leicht Grünalgen. Werden Pflanzen und vor allem Moose stärker beleuchtet, als ihr Metabolismus verkraftet, „helfen" wieder Grünalgen aus, besonders wenn zugleich Nährstoffungleichgewichte vorliegen. Das Extrem des Starklichtbeckens wäre ein Aquarium, das stundenlang in der prallen Sonne steht. Genau ein solches ist ein typisches Algenbecken.

Planen Sie ein Starklicht-Aquascape, so wählen Sie vorrangig schnell wachsende Pflanzen, die diese Lichtmengen verwerten können. Auch der Fischbesatz muss passen. Die meisten Fische lieben eher diffuses Licht und nach oben schützenden Pflanzenwuchs oder überhängende Wurzeln. Auch sehr CO_2-empfindliche Fischarten kommen nicht in Betracht.

Für Nanobecken, die mit Kompaktleuchtstoffröhren beleuchtet werden, gelten leicht geänderte Berechnungen. Die Lichtausbeute ist etwas geringer, sodass zum Beispiel zweimal 11 Watt auf 30 Liter Wasserinhalt einer mittleren Beleuchtungsstärke entsprechen. Zeigen sich dennoch Grünalgen, könnte man eine der Lampen ausschalten.

> **Fazit**
>
> – Ein Pflanzenaquarium/Aquascape mit einer Beleuchtungsstärke von etwa 0,3 Watt/l Beckeninhalt oder etwas darüber macht viel Spaß und wenig Arbeit.
> Die Pflanzen wachsen langsam, die Nährstoffzufuhr ist leicht zu handhaben, die Pflanzenauswahl allerdings eingeschränkt.
> – Eine mittlere Beleuchtungsstärke von etwa 0,5 W/l eröffnet mehr Möglichkeiten, anspruchsvolle Pflanzen gedeihen, zumindest wenn sie geschickt platziert sind und nicht beschattet werden. Etwas anspruchsvoller zu pflegen, doch bei Verzicht auf große Bestände allzu schnell wachsender Stängelpflanzen noch leicht zu bewältigen.
> – Starklicht-Aquascapes mit Beleuchtungsstärken ab etwa 0,8 W/l erfordern viel Wissen, Aufmerksamkeit und bei größeren Becken auch Zeit. Durch die starken Wachstumsprozesse gerät ein solches Becken leicht aus dem Nährstoffgleichgewicht und dann gedeihen die Algen besser als die Pflanzen.

Interessante Lichteffekte, wie hier in einem kleinen Bach im Sonnenlicht, gelingen im Aquarium fast nur mit Punktleuchten (Halogenstrahler oder LEDs, in großen Becken HQL und HQI/HCI). Lichtkringel entstehen, wenn die Wasseroberfläche etwas bewegt ist.

Lichtausbeute des Leuchtmittels

Als Lichtausbeute, also die Effizienz des Leuchtmittels, wird die abgegebene Lichtmenge pro Watt Stromaufnahme bezeichnet. Maßeinheit ist Lumen pro Watt (lm/W). Halogenlampen haben eine geringere Lichtausbeute, HQL- und HQI-Brenner liegen in der Mitte, Leuchtstoffröhren liegen vorn, und zwar die der neueren T5-Technologie (16 mm Durchmesser) noch vor den T8-Röhren (25,4 mm Durchmesser).

LEDs (Light Emitting Diodes) weisen weit bessere Lichteffizienzwerte auf. Deshalb wird bei ihnen die Watt pro Liter-Angabe obsolet. Es sind bereits die ersten technisch vernünftigen und hochwertigen LED-Lampen auf dem Markt. Sie sollten folgende Voraussetzungen erfüllen: Sie müssen leicht anschließbar sein, keine Bastellösungen; die Farbwiedergabewerte sollten verbessert worden sein; der Preis sollte sich nach unten bewegt haben. Wenn die Technologie fertig entwickelt und zu günstigen Preisen auf dem Markt ist, werden LEDs auch in der Aquaristik weite Verbreitung finden.

Die Qualität des Lichts

Bei den Lichtfarben handelt es sich um bestimmte Wellenlängen, in Nanometer (nm) gemessen. Das für uns sichtbare Licht besteht nur aus einem kleinen Ausschnitt des gesamten Spektrums elektromagnetischer Wellen. Während wir den Bereich Gelb-Grün am hellsten sehen, absorbieren Pflanzen mit ihren Chlorophyllen (lichtempfindlichen Pigmenten) das rote Licht am stärksten. Ausgerechnet dieser Anteil wird vom Wasser am stärksten absorbiert. Pflanzen können aber das gesamte Spektrum des Lichts nutzen. Die in den Chloroplasten eingelagerten Chlorophylle, die das Sonnenlicht einfangen, sprechen auf Rot und Blau besonders an, andere Pigmente nehmen die restlichen Farben des Spektrums auf.

Licht steuert auch die Wuchsform. Viel Licht führt zu eher seitlichem Wachstum nahe dem Bodengrund, bei wenig Licht wird das Höhenwachstum angeregt. Zu dicht stehende Pflanzen treiben sich dann gegenseitig in die Höhe. Auch hängen Blattgröße und -farbe von Lichtintensität und -temperatur ab. Besonders deutlich ist dies bei Pflanzen mit roten Blättern, die bei geringer Beleuchtung die neuen Blätter in Grün austreiben.

> **Gut zu wissen**
>
> Eine Lichtfarbe mit starker Rotbetonung über dem Aquarium kann zu ausgeprägtem Längenwachstum führen. Blaubetontes Licht bewirkt eher gedrungenen Pflanzenwuchs.

Farbtemperatur

Die Farbtemperatur ergibt sich aus dem visuellen Gesamteindruck der Farbe einer Lichtquelle. Maßeinheit ist Grad Kelvin (K). Eine niedrige Kelvin-Zahl weist auf ein warmes, gelbliches, eine höhere auf bläulich weißes Licht hin. Im Unterschied zum Sonnenlicht mit seinem Vollspektrum setzt sich künstliches Licht nur aus wenigen Einzelfarben zusammen. Gebräuchlich in der Süßwasseraquaristik sind Farbtemperaturen von 4000 bis 6500 Kelvin. Darunter wirken die Farben etwas unnatürlich gelb und zu wenig frisch, über 6500 Kelvin erscheinen sie leicht fahl, Pflanzen wirken nicht richtig sattgrün. Ab etwa 9000 Kelvin kann der Pflanzenwuchs stagnieren. Diese Bereiche eignen sich nur

> **Gut zu wissen**
>
> **Leuchtstoffröhren weisen durch ihre Kennzeichnung auf ihre Farbtemperatur hin**
>
> Dreibandenlampen beginnen mit der Ziffer 8: Farbwiedergabe-Index = Lichtqualität 80-89 % von möglichen 100 %. Die weiteren zwei Ziffern kennzeichnen die Farbtemperatur:
> – 830 bedeutet: 30 = 3000 Kelvin = sehr gelbliches Licht
> – 840 bedeutet: 40 = 4000 Kelvin = immer noch leicht gelbliches, sehr schönes Licht, rote Farben bei Fischen und Pflanzen werden betont
> – 860 bedeutet: 60 = 6000 Kelvin = Tageslicht im Schatten, neutrales Licht
>
> Vollspektrumlampen beginnen mit der Ziffer 9: Farbwiedergabe-Index 90-99 % von möglichen 100 %, die Angabe der Farbtemperaturen wie bei den Dreibandenlampen

noch für Meerwasseraquarien. Dreibandenröhren strahlen ihr Licht hauptsächlich in drei Farbspitzen (Peaks) ab. Vollspektrumlampen strahlen kontinuierlich und insgesamt leicht schwächer ab, dafür aber in einer dem vollen Tageslichtspektrum nahe kommenden Bandbreite der Wellenlängen. Sie erzeugen ein sehr natürlich wirkendes, augenfreundliches Licht mit schöner Farbwiedergabe. Der Begriff ist allerdings nicht bindend definiert, sodass nicht jedes als Vollspektrum bezeichnete Produkt auch die gewünschten Eigenschaften besitzt.

Farbwiedergabe

Im natürlichen Tageslicht sind alle Farben vorhanden und die Gegenstände in ihren natürli-

> **Gut zu wissen**
>
> Ra-Werte ab 90 aufwärts bieten eine sehr gute Farbwiedergabe, 80-89 sind als gut einzustufen. Nicht mehr empfehlenswert für die Pflanzenaquaristik sind darunter liegende Werte.

chen Farben sichtbar. Fehlen in einer Kunstlichtquelle einzelne Farben im Spektrum, zeigen die angestrahlten Gegenstände nicht ihre volle natürliche, sondern abweichende Farben oder verwaschene Grautöne. Um eine schöne Farbwiedergabe zu erhalten, lohnt es sich, Beleuchtungen mit einem hohen Ra-Wert (Farbwiedergabewert, englisch Colour Rendering Index, CRI) einzusetzen.

Beleuchtungsdauer

Die meisten Aquarienpflanzen stammen aus den Tropen und sind an die dortigen Klimaverhältnisse angepasst. Manche Stängelpflanzen zeigen an, wann sie genug haben: Sie klappen ihre oberen Blätter zusammen und verhindern so weitere Lichteinwirkung.

Ein Tropentag dauert etwa 12 Stunden und hat kurze Dämmerungszeiten. Zieht man die Zeiten ab, in denen die Sonne maximal schräg steht, wären für die meisten Aquarienpflanzen etwa 11 bis knapp 12 Stunden tägliche Beleuchtungszeit naturgemäß.

Varianten der Beleuchtungsdauer
Hanns-J. Krause (1999) empfiehlt einen halben oder ganzen ‚Regentag' in der Woche, bei dem das Licht ausgeschaltet bleibt. Er erwähnt auch, dass Aquarienpflanzen weniger von Algen befallen würden, wenn die Lichtperiode leicht über 12 Stunden hinaus verlängert wird, natürlich bei gleichzeitiger Verringerung der Lichtstärke.
Wer also länger beleuchten will, ist mit einem schwächer beleuchteten Becken besser ausgestattet. Möglich und naturgemäß ist es auch, etwa zur Hauptbetrachtungszeit eine Lampe oder Röhre zuzuschalten. Sollten sich dann Algen entwickeln, muss die Nährstoffversorgung erhöht werden.

> **Gut zu wissen**
> Die Tag-Nacht-Wechsel sollten nicht völlig abrupt erfolgen. Wenn in einem stockdunklen Aquarium auf einen Schlag das ‚Flutlicht' eingeschaltet wird, schießen die Fische panisch durch das Becken.

‚Mittagspause' für Aquarien – wirksame Algenprophylaxe?
Oder der beste Gag der Aquariengeschichte? Gemeint ist damit eine Beleuchtungsunterbrechung während des Tages. Nach etwa 5 Stunden soll für rund 4 Stunden die Beleuchtung ausgeschaltet werden, darauf wird nochmals etwa 5 Stunden beleuchtet. Genau betrachtet kann eine Algenreduzierung so nicht erreicht werden, da Algen in jeder Beziehung anpassungsfähiger sind als Wasserpflanzen. Aber: ist ein Aquarium übermäßig mit Licht ausgestattet, könnten bei ungenügender Zuführung CO_2 und einzelne Makronährstoffe mittags aufgebraucht, Mikronährstoffe (Spurenelemente) durch sehr hohen Sauerstoffgehalt ausgefällt sein.

Mehrstündiges Abschalten würde hier eine sich verstärkende und algenbildende Mangelsituation verhindern. Danach hat sich der CO_2-Gehalt wieder erhöht, Makronährstoffe konnten sich bei genug tierischem Besatz und stattfindender Nitrifikation (siehe Seite 81) auffüllen und gebundene Spurenelemente gingen in der lichtlosen, sauerstoffärmeren Zeit wieder in Lösung. So ist die Wirksamkeit der Mittagspause in vielen Aquarien durchaus realistisch. Dasselbe könnte aber mit einer generellen Verringerung der Beleuchtung oder erhöhter Nährstoffzufuhr erreicht werden.

> **Gut zu wissen**
> Wird eine Beleuchtungspause durchgeführt, müssen die Lampen statt zweimal, viermal täglich geschaltet werden. Dies trägt nicht unbedingt zu ihrer Langlebigkeit bei.

Welche Leuchtmittel für ein Aquascape?
In der Aquaristik haben sich Leuchtstofflampen oder -röhren, für sehr hohe Becken Halogen-Metalldampflampen (HQI) durchgesetzt. Quecksilberdampf-Hochdrucklampen (HQL) werden kaum noch verwendet. Lichtausbeute und Farbwiedergabe sind, verglichen mit den Leuchtstoffröhren, bei HQI-Lampen oft besser, es gibt aber nur eine eingeschränkte Auswahl an Lichtfarben. Für kleinere Aquarien, Nanobecken, verwendet man meist Komplett-Leuchtstofflampen und in der Zukunft immer mehr LED-Lampen.

Beheizung
Am gebräuchlichsten für Aquarien ist der Stab-Reglerheizer. Externe Heizer, die an den Kreislauf des Außenfilters angeschlossen werden oder direkt im Außenfiltertopf eingebaut sind, haben aber zwei Vorteile: Die Wärme wird gleichmäßiger im Aquarium verteilt und sie sind nicht sichtbar. Nachteilig ist der höhere Preis.

Eine bessere Wärmeverteilung erreichen Sie auch, wenn Sie den Auslauf des Filters kurz vor dem Heizstab anbringen, sodass die nach oben steigende Wärme gleich von der Strömung erfasst wird und zirkuliert.

> **Thermometer**
> Die preisgünstigen Aquarienthermometer sind mit Abweichungen von etwa 1 °C meist genau genug. Aus Sicherheitsgründen sollten Thermometer im Wasser aufschwimmen. Sauger und sämtliche Kunststoffteile etwa an Heizern sollten nicht zu penetrant ‚riechen'. Es gibt Zubehörteile, die besser nicht ins Aquarium gehören.

Die Temperatur im Pflanzenaquarium
Die Temperaturen in den Herkunftsgebieten der Aquarienpflanzen variieren je nach geografischer Region. Der Bereich von 23 bis 26 °C ist den meisten Aquarienpflanzen zuträglich. Darunter wachsen sie eher langsamer und gedrungener. Bei über 26 °C beschleunigt sich das Wachstum, bei Stängelpflanzen verlängern sich die Abstände zwischen den Blattansätzen (Internodien) und der Nährstoff- und Lichtbedarf steigt.

Ist Nachtabsenkung sinnvoll?
Die Temperaturen in den Tropen sind zwar wesentlich gleichmäßiger als in den gemäßigten Zonen, dennoch findet eine leichte Nachtabkühlung statt. Es hat sich als günstig erwiesen, diese im Aquarium nachzuahmen. Die Temperatur kann etwa 1 bis 2 °C absinken, sollte aber 21 °C nicht unterschreiten. Entscheidend sind immer die konkreten Bedürfnisse der Tiere und Pflanzen.

Während der kühleren Nachttemperatur findet ein Austausch des eher sauerstoffarmen Wassers in Bodennähe mit dem sauerstoffreicheren Oberflächenwasser statt. Ohne Licht und Heizer kühlt das Oberflächenwasser ab, sinkt nach unten und verdrängt dort das sauerstoffarme Wasser über dem Bodengrund. Es kann im Laufe der Nacht aufsteigen und sich im neuen Tageszyklus mit dem Einschalten von Heizung und Beleuchtung wieder erwärmen.

Filterung

Weil ein Außenfilter innerhalb des Aquariums keinen Platz wegnimmt, kann er größer dimensioniert sein. Er wird vorrangig bei größeren Aquarien benutzt und bietet Platz für viel Filtermaterial. Bei stark mit Fischen besetzten Becken ist dies ein großer Vorteil, bei Pflanzenbecken dagegen uninteressant oder gar kontraproduktiv. Der Innenfilter wird meist bei kleineren Becken eingesetzt, wo der schnelle Wasserumlauf eines Außenfilters eine zu starke Strömung erzeugen würde. Inzwischen gibt es aber auch sehr kleine Außenfilter.

Funktionen des Filters
In jedem Filter laufen zwei Funktionen ab: bei der mechanischen Reinigung fängt der Filter alle Schwebstoffe auf. Die biologische Filterung ist die wichtigere: Auf den Filtermaterialien siedeln sich Mikrolebewesen an, die sich von Abbauprodukten ernähren. Die meisten der nützlichen Bakterienarten leben nicht im freien Wasser, sondern besiedeln Substrate, etwa den Bodengrund, Wurzeln, Steine, Bepflanzung und vorrangig die Filtermaterialien.

Eiweißstoffe aus Fischausscheidungen und verrottenden Pflanzen sind teilweise für Fische toxisch und müssen rasch umgewandelt werden. Dafür sind aerobe Bakterien nötig, die zur Energiegewinnung Sauerstoff brauchen. Für Fischaquarien wurden früher die größtmöglichen Filter gewählt, die außerdem schnell durchströmt wurden, um die eiweißabbauenden Bakterien mit Sauerstoff zu versorgen. Die Endprodukte, vorrangig Nitrat, dienten den Pflanzen als Nahrung, der Rest wurde mit dem Teilwasserwechsel entfernt. Im Filter ausgesiebte Feststoffe ernährten die in den Filtermaterialien lebenden Organismen und wurden über die Zwischenstufen Mulm und Schlamm immer weiter zerlegt.

> **Gut zu wissen**
>
> Es sind wie bei den Algen immer viele Arten von Mikroorganismen latent oder in sehr kleinen Populationen vorhanden. Sobald sich für sie günstige Bedingungen einstellen, vermehren sie sich.

Chemiefabrik im Kleinen
Der Schlamm aus abgebauten Feststoffen, ausgefällten Nährstoffen (Eisen, Mangan) und Bakterienfilmen wird mit der Zeit immer dichter. Der Filter setzt sich zu. Das Wasser durchströmt nicht mehr die ganze Filtermasse, sondern bahnt sich seinen Weg durch freie Kanäle meist zwischen Gehäuserand und Filtermedien. Der Wasserumlauf wird schwächer. Der Filter arbeitet nun teilweise anaerob, das heißt, es siedeln sich Bakterienarten an, die keinen Sauerstoff brauchen.

Vor allem bei ‚Hochleistungsfiltermedien' mit extrem großer Besiedlungsoberfläche für Bakterien kann es im Inneren zu vielen sauerstofffreien Zonen kommen. Dort wandeln Bakterienarten das Nitrat anaerob um in Luftstickstoff. Im Fischbecken ist dies erwünscht, im Pflanzenbecken nicht, denn die Bakterien treten dann in Konkurrenz zu den das Nitrat nutzenden Pflanzen.

Ein einige Zeit laufender Filter ist voller Bakterien, die eine sagenhafte Leistungsfähigkeit entwickeln können. Alle Eiweißstoffe werden sofort innerhalb der ersten Zentimeter, wo das Wasser noch sauerstoffreich ist, weiterverarbeitet.

Filterpflege
Das Filtermaterial wird regelmäßig gesäubert und teilweise ersetzt. Wichtig ist, dass es in einem Eimer mit temperiertem Aquarienwasser ausgewaschen wird, so bleiben Bestände von Abbaubakterien erhalten und können ihre Arbeit wieder aufnehmen.

> **Tipp**
>
> Wird ein Außenfilter verwendet, empfiehlt es sich, anstatt des kleinen Ansaugstutzens einen Vorfilter zu nehmen. Dieser ist leicht öfter zu reinigen und die Standzeit des Hauptfilters erhöht sich dadurch enorm.

Filterung im Pflanzenaquarium

Der beschriebene Filtervorgang ist für ein Fischbecken mit wenig Pflanzenwuchs durchaus sinnvoll. Anders bei einem Pflanzenbecken oder Aquascape:

- Der Filter nimmt Abfallstoffe auf und verarbeitet sie weiter, in anaeroben Zonen geht die Verarbeitung bis zum Endprodukt, gasförmigem Stickstoff. Pflanzen benötigen die aeroben Abbauprodukte jedoch als Dünger.
- Ein leistungsfähiger Filter entnimmt anfangs, wenn er noch nicht zugesetzt ist, auch große Anteile der Mikronährstoffe, die mit Dünger verabreicht wurden. Diese Stoffe fehlen den Pflanzen.
- Der Filter tritt in Konkurrenz zum Pflanzenbestand, und zwar umso mehr, je wirkungsvoller die Filtermaterialien sind. Dies gilt für Außen- und Innenfilter.

Die Geringfilterung

So kam in der Pflanzenaquaristik der Gedanke auf, die Filterprozesse nicht mehr ausschließlich im Filtergehäuse ablaufen zu lassen, sondern sie ins Aquarium selbst zu verlagern. Nährstoffe, die sonst im Filter verloren gehen, sollten pflanzenverfügbar bleiben, indem man die meisten Filterprozesse in den Bodengrund verlegt. Dort können ebenfalls sämtliche Umwandlungen stattfinden, deren Produkte dann für die Aquarienpflanzen ständig verfügbar sind. Die Hauptaufgaben des Filters sind nun:

- Strömung erzeugen, um CO_2 und Nährstoffe gleichmäßig im Wasser zu verteilen.
- das beheizte Wasser vermischen.
- eine Oberflächenbewegung erzeugen, um den Gasaustausch des Wassers mit der Luft zu fördern. Auch kann so die Kahmhautbildung auf der Wasseroberfläche verhindert werden.

Ein kleiner Filterschwamm in mittlerer oder grober Körnung kann die gesamte Filtermasse bilden. Er sollte so zugeschnitten werden, dass alles Wasser durch ihn hindurch fließen muss.

Dem Filter wird dazu fast sämtliches Filtermaterial entnommen. Nur eine dünne Schicht grober, besser mittelfeiner Filtermatte verbleibt. Sie wird so in den Außenfiltertopf oder das Innenfiltergehäuse eingelegt, dass sie die gesamte Breite ausfüllt. Damit geht der komplette Wasserkreislauf durch sie hindurch. Um eine in manchen Fällen entstehende leichte Wassertrübung zu vermeiden, kann noch zusätzlich etwas Filterwatte eingebracht werden.

Gut zu wissen

Durch ihre mittelfeine bis grobe Struktur und kurze Durchströmungsstrecke setzt sich die Matte nicht so schnell zu, die Filterstandzeiten werden deutlich länger, Reinigungen sind seltener nötig.

Geringfilterung ist nicht zu verwechseln mit Langsamfilterung, bei der nur die Durchlaufzeit durch den Filter gesenkt, die Filtermaterialien aber beibehalten werden. So gut Langsamfilterung für stark besetzte Fischaquarien ist, im Pflanzenbecken sollte sie nicht genutzt werden. Sie wäre in allen Umwandlungsprozessen, auch der Spurenelementeausfällung, zu effizient.

Das Becken soll langsam durchströmt werden:
- Stellen Sie den Filter am besten so ein, dass eine leichte Strömung entsteht und Wärme, Sauerstoff und CO_2 im Becken gut verteilt wer-

Filterung im Pflanzenaquarium

Prinzip der Geringfilterung: Organische Stoffe werden oxidativ umgewandelt und den Pflanzen direkt zur Verfügung gestellt.

den. Die meisten Fische und Zwerggarnelen bevorzugen eher langsam durchströmte Zonen, Stängelpflanzen tendenziell direkte, Rosettenpflanzen eher indirekte Strömung.
- Das Wasser aus dem Filterauslauf sollte geräuschlos einlaufen, nicht plätschern, sonst wird gleich wieder ein Teil des CO_2 ausgetrieben. Gut bewährt hat es sich, wenn die Unterkante des Wasserauslaufs genau auf Höhe des Wasserspiegels liegt.
- Bei der Frage des Wasserumlaufs scheiden sich die Geister. Bewährt hat sich eine Umwälzung von ein- bis zweimal Beckeninhalt pro Stunde. Für ein 100 Liter-Becken würde also lediglich ein Filter mit einer tatsächlichen Pumpenleistung von 100 bis 200 Litern pro Stunde nötig. Die aufgedruckten Pumpenleistungen werden

Gut zu wissen

Sie können die Strömungsausbreitung und -schnelligkeit in Ihrem Aquarium sichtbar machen, indem Sie flüssiges Zeolithpulver (Easy Life oder Sera Nitrivec) einbringen. Die weißgraue Staubwolke verteilt sich genau mit der Strömung. So sehen Sie auch, ob Bereiche des Aquariums abseits der Strömungsrichtung liegen.

allerdings bei leerem Gehäuse ermittelt.
- Das Wasser sollte so stark strömen, dass auf der Wasseroberfläche keine Kahmhaut entstehen kann, die den Gasaustausch behindern würde.

Sonderfall Spurenelemente

Eisen, Mangan und andere Spurenelemente sind nur bei sehr niedrigem pH wasserlöslich, im Aquarium würden sie sofort als Salze ausgefällt. In der Natur gehen sie Verbindungen mit Trägerstoffen, den sogenannten Chelatoren, etwa Huminsäuren ein, die sie in Lösung halten. Für Düngerzwecke werden Spurenelemente ebenfalls an Chelatoren gebunden. Sauerstoff und Bakterien im Aquarium lösen diese langsam auf, die Nährstoffe werden frei.

Gut zu wissen

Chelatoren können im Filter von spezialisierten Bakterien ‚geknackt' werden, sie bauen sie ab. Die ungeschützten Spurenelemente oxidieren und fallen als schwerlösliche Verbindungen aus. Diese werden im Filter abgelagert und somit nutzlos für die Aquarienpflanzen.

Beim geringgefilterten Becken verläuft die Ausfällung langsamer, denn die beschränkte Filterbestückung bietet nicht genügend Fläche für große Bakterienkolonien.

Sollte die Ausfällung im Bodengrund stattfinden, wo auch chelatabbauende Bakterien siedeln, bleiben die Stoffe pflanzenverfügbar. Der Schadstoffabbau ist vollständig, der Nährstoffkreislauf geschlossen.

Der Bodengrund

Eines der am intensivsten diskutierten Themen, für jedes Material gibt es gute Argumente und schön damit gestaltete Becken. Entscheidend ist, dass der Bodengrund mit dem Gesamtkonzept, vor allem den Dünge- und Pflegemaßnahmen, gut abgestimmt ist.

Was geschieht im Bodengrund?

In einem Pflanzenaquarium mit Geringfilterung übernimmt der Bodengrund den größten Teil des Abfallstoffabbaus. Im Wasser gelöste Stoffe werden von in den obersten Bodenschichten lebenden Bakterienkolonien umgewandelt und den Pflanzen als Nährstoff bereitgestellt. Feststoffe, etwa verrottende Pflanzenteile, Futterreste oder Fischexkremente lagern sich ab oder sinken in die oberste Bodenschicht ein.

Diese Stoffe sollen von Bodenbakterien, um pflanzenverfübar zu sein, möglichst vollständig mineralisiert werden. Im oberen Bereich findet oxidative, im unteren reduktive Umwandlung statt. Beide Zonen werden im Pflanzenaquarium benötigt, allerdings sollten die unteren anaeroben Zonen nicht zu groß sein, damit sich keine leistungsfähigen Nitratzehrer entwickeln können.

Während im Fischbecken daher der Bodengrund so hoch wie möglich sein kann, um diese Nitratreduktion zu ermöglichen und so das Wasser sauber zu halten, ist ein hoher Bodengrund im Pflanzenaquarium nicht immer vorteilhaft. Die Pflanzen sollen das Nitrat aufnehmen, nicht die Bakterien. Aquascapes mit niedrigem Bodengrund funktionieren in der Praxis hervorragend, es fällt kaum oder überhaupt kein Mulm an.

Planen Sie sorgfältig vor

Fast alle Komponenten der Aquarieneinrichtung können Sie später noch korrigieren. Beim Bodengrund muss komplett neu eingerichtet werden.

> **Gut zu wissen**
>
> Fische und Zwerggarnelen fühlen sich auf dunklerem Boden wohler als auf zu hellem oder auffällig farbigem. Stimmt der Boden nicht und fehlen Versteckmöglichkeiten, zeigen viele Tiere ständig Schreckfärbungen und sind nervös.

Sie werden wenig Freude haben, wenn Sie aus einem Nährboden bei maximaler Düngung und viel Licht einige hundert Stängelpflanzen jede Woche mit der Wurzel herausziehen und die Stecklinge neu einpflanzen wollen. Sie sehen dann lange nur eine undurchdringliche Wolke, die sich als ‚Feinstaub' auf den neu gesteckten Pflanzen ablagert. Hier wäre ein neutraler Bodengrund wie grober Sand oder Kies, Körnung 1 bis 2 mm, die bessere Wahl.

Wollen Sie aber zu große Stängelpflanzen abschneiden und neu austreiben lassen, ist durchaus ein Nährboden gefragt, ebenso wie für die pflegeleichten Rosettenpflanzen.

> **Gut zu wissen**
>
> Der Bodengrund im Pflanzenaquarium sollte kalkfrei sein, denn um mit ihren Wurzeln Nährstoffe aufschließen zu können, ist für die Pflanzen ein eher leicht saures Milieu nötig.

Der Bodengrund muss
- leicht zu bepflanzen sein,
- den Pflanzen eine gute und schnelle Verwurzelung bieten.
- den Bedürfnissen der Fische, Zwerggarnelen und Wasserschnecken entgegenkommen.

Zwei Hauptvarianten kommen in Betracht:
- ein neutrales und fast steriles Substrat wie Kies und Sand,
- ein organischer oder mit Makronährstoffen versehener Bodengrund wie Erden und Soils.
- Dazwischen liegen die ‚Nährböden', die ein gewisses Nährstoffdepot aufweisen, aber keine Makronährstoffe enthalten.

Die neutralen Substrate

Sie werden verwendet, wenn keinerlei Veränderung irgendeines Wasserwertes beabsichtigt ist. Keine Nährstoffe, keine Vorabdüngung über den Bodengrund, keine Änderung der Härte oder des pH-Wertes. Auch Speicher- und Austauschfunktionen, wie sie Tonsubstrate oder Substratbeimischungen besitzen, sind unerwünscht.

Sand und Kies für Aquarien müssen kalkfrei sein, also kein Meersand, Korallensand oder Ähnliches, außer die aufhärtende Wirkung wäre erwünscht. Im Pflanzenaquarium ist sie sehr ungünstig! Quarzkies aus dem Zoofachhandel ist kalkfrei und gut deklariert.

Sand

Er ist als alleiniger Bodengrund im Aquascaping wenig gebräuchlich, sondern wird meist als Beimischung genutzt, etwa um kleine Wege oder Strände um eine ‚Insel' herum darzustellen. Wichtig ist die

> **Tipp**
>
> **Faulgase**
>
> In verdichteten, von der Durchströmung abgeschnittenen Zonen werden organische Einlagerungen nicht mehr von aeroben Bakterien abgebaut. Selbst anaerobe Mikroben haben keine Lebensgrundlage mehr. Dann entsteht Fäulnis – unter Freisetzung von Schwefelwasserstoff H_2S.
> Er steigt als Blasen zur Wasseroberfläche, wenn mit einem Stäbchen im Boden gestochert wird. Schwefelwasserstoff lässt sich leicht von ebenfalls im Bodengrund entstehendem Stickstoff unterscheiden: er riecht nach faulen Eiern. H_2S ist ein starkes Fischgift.
>
> Kommen Panzerwelse beim Gründeln zu sehr mit ihm in Kontakt, torkeln sie an die Oberfläche und können eingehen.
> H_2S kann im Bodengrund nur entstehen, wenn organische Stoffe eindringen, etwa durch Herumrühren mit einer Mulmglocke, Umpflanzarbeiten oder bei absterbenden Pflanzenwurzeln.
> Ein großer Vorteil von Sand ist, dass keine festen Abfälle eindringen können, weil diesem feinen Substrat die Zwischenräume fehlen. Sand darf aber niemals über Böden mit organischem Anteil, auch nicht Nährböden, ausgebracht werden!

richtige Körnung. Verdichtungen, also Bereiche, die überhaupt nicht mehr durchströmt werden, müssen vermieden werden. Solche treten eher bei zu kleinen Körnungen (0,1 bis 0,4 mm) und bei nicht gewaschenen Sanden auf. Gute Erfahrungen hat man mit gröberen Körnungen von 0,5 bis 0,8 mm gemacht. Sand soll ein Kapillarsystem aus feinsten Zwischenräumen besitzen, sodass kleinste organische Stoffe mikrobiell aufgearbeitet und für Pflanzenwurzeln verfügbar werden können.

Nehmen Sie gut gewaschenen Sand mit einheitlicher Körnung. Ungewaschener und solcher mit unterschiedlicher Körnung neigt mehr zur Verdichtung. Vorsicht: Spielsand aus Baumärkten kann Lehm enthalten und sogar pilztötende Mittel! Auch können Sande nicht vollständig mineralisierte Bestandteile enthalten und damit Cyanobakterien (Blaualgen) begünstigen. Bei zu feinem Sand wird immer wieder von vermehrtem Pinselalgenauftreten berichtet.

> **Tipp**
>
> Füllen Sie ins Aquarium zuerst bis zur geplanten Schichthöhe Wasser ein, dann erst den sauber gewaschenen Sand. So wirken Sie ersten Verklumpungen entgegen.

Kies 1 bis 2 mm

Zu Sand (Grobsand) nach DIN-Norm zählt auch, was umgangssprachlich schon als Kies bezeichnet wird, die Körnung bis 2 mm. Sie ist sehr gebräuchlich, bewährt und macht sich optisch gut. Kies wird das Hardscape besser festhalten. Mit feinem Kies wie auch Sand wirkt eine Unterwasserlandschaft größer und weiter als mit grobkörnigem Substrat.

Dem Wasser gelingt es leicht, diese Körnung zu durchströmen und den Boden gut mit Sauerstoff zu versorgen. Die Körnung 1 bis 2 mm lässt sich wie Sand sehr gut bepflanzen. Selbst Bodendecker mit ihren empfindlichen Wurzeln schwimmen nach dem Einsetzen nicht auf, im Gegensatz zu leichtem oder grobkörnigen Bodengrund. Die Pflanzenwurzeln können diesen Kies gut durchdringen, Abfallstoffe sinken nicht tief ein, sodass sie weitgehend von aeroben Bakterien zu Pflanzennährstoffen umgewandelt werden können.

Kies 2 bis 3 mm

Dieser ist noch gut geeignet, aber alle Vorteile der kleineren Körnung treffen etwas weniger zu. Kies dieser Körnung ist für größere Aquarien besser geeignet als für kleinere.

Kies > 3 mm

Gröbere Kiese eignen sich kaum für das Aquascaping. Sie sind schwer zu bepflanzen, vor allem Bodendecker lassen sich nicht verankern, Pflanzen mit viel Sauerstoff im Gewebe schwimmen nach dem Bepflanzen wieder auf. Organische Stoffe sinken in die großen Zwischenräume ein, das Milieu kann anaerob bis fäulnisbildend werden.

Grober, kantiger Kies

Dieser dient nur dem Zweck, starke Gefälle und Neigungen zu modellieren, er verrutscht nicht. Es können mit ihm höhere Aufbauten oder Berghänge gestaltet werden. Er muss unbedingt von einer Schicht Feinkies abgedeckt werden, denn er ist kaum bepflanzbar. Auch organische Stoffe können beim Einsinken zu den bekannten Problemen führen. Damit keine Zwischenräume entstehen, muss die obere Schicht Feinkies immer wieder nachgefüllt werden.

Unterschiedliche Bodengrundmaterialien. Von links nach rechts: feiner Sand, Feinkies 1–2 mm, Kies 2–3 mm, schöner naturfarbener Kies, grober, kantiger Kies 5–18 mm, Manado.

Als Alternative zum kantigen Kies kann auch Bims oder Lavalit verwendet werden. Beide haben den Vorteil, dass sie leichter sind.

> **Gut zu wissen**
>
> Mit Sand, Feinkies oder auch Manado lassen sich zwar kurzfristig Abhänge oder Steigungen gestalten, sie sind aber nicht stabil. Soils, außer der feinen Powder-Version, halten etwas besser.

Farbige Sande oder Kiese

Solche Materialien sind, sofern im Fachhandel angeboten und natürlichen Ursprungs, ohne Weiteres verwendbar. Künstlich gefärbte Substrate dagegen sind Ansichtssache. Sie bergen jedenfalls das Risiko, dass sich die Schicht aus meist Epoxidharz, die als Schutzummantelung für die künstliche Farbe aufgebracht ist, stellenweise löst und Stoffe ins Wasser gelangen, die es langsam vergif-

> **Gut zu wissen**
>
> Nicht natürliche Farbkiese dürfen nur kalt gewaschen werden. Waren sie einmal im Wasser, dürfen sie auf keinen Fall getrocknet und wieder verwendet werden, sonst kann die Ummantelung feine Trockenrisse bekommen und Farbe ins Wasser gelangen.

ten. Vor allem Zwerggarnelen sind sehr empfindlich gegen jede Art Chemikalien, einige solcher Substrate stehen im Verdacht, Vergiftungen bei ihnen auszulösen.

Nährstoffspeichernde Böden

Solche Böden bestehen aus einer Mischung von Quarzsanden, Tonmineralien und Naturtorfen. Alle Nährstoffe und Spurenelemente sollen in Depotform mit Sofort- und Langzeitwirkung vorliegen. Nährstoffe lagern sich an die Tonmineralien an und können von den Wurzeln aufgeschlossen und verfügbar gemacht werden. Pflanzenwurzeln sollten auch dorthin gelangen können, wo Nährböden ausgebracht sind, damit sich darin keine unerwünschten bakteriellen Vorgänge einstellen. In der Praxis zeigt sich die Auswirkung zuerst im sehr guten Anwachsen der Pflanzen. Die Böden haben eine ideale Konsistenz, sind leichter und weicher als Sand und Kies und besitzen eine lockere Struktur. Sie verklumpen fast nie und Wurzeln können für einen guten Stoffaustausch viele kleine Haarwurzeln bilden.

> **Gut zu wissen**
>
> Nährböden sollten immer gut gewässert, nicht aber gewaschen, und nass ins Aquarium eingebracht werden, um ein übermäßiges Aufschwimmen der Torfteilchen zu vermeiden. Die leichte Trübung beim Einrichten lässt sich minimieren, wenn die etwa 3 cm hohe Deckschicht aus gewaschenem Kies gleichmäßig aufgebracht und das Wasser sehr sorgfältig eingelassen wird (siehe Seite 16).

Manado

Dies ist ein gebranntes Tongranulat, Körnung 1 bis 2 mm und mit seiner rötlich braunen Farbe sehr dekorativ. Manado ist deutlich leichter als Kies, was ihn auch für größere Becken interessant macht, sehr gut bepflanzbar, auch mit Bodendeckern. Dies unterscheidet ihn angenehm von noch leichteren Substraten.

Manado hat eine Besonderheit, die man kennen sollte: manche Chargen härten das Wasser auf, teilweise sogar extrem. Aus Werbung und Produktbeschreibung wird dies nicht deutlich, denn der Effekt zeigte sich erst, als sich der Ton aus manchen später angezapften Abbauadern anders verhielt. Sie können messen, ob Ihr Manado aufhärtet: eine Probe in destilliertes Wasser geben und am nächsten Tag die Härtemessungen mit Tropftest oder, etwas ungenauer, Stäbchentest durchführen.

> **Gut zu wissen**
>
> Sie können Manado enthärten, indem Sie ihn mit heißem Wasser kräftig durchrühren, im Gefäß mit Wasser stehen lassen, nach einigen Stunden oder einem Tag nochmals kräftig durchrühren und abschütten. Nach zehnmaligem Waschen in dieser Weise ist die aufhärtende Wirkung völlig verschwunden, die Reaktion im Wasser absolut neutral.

Manado ist porös, mit sehr vielen kleinsten Fugen und Ritzen, ideal zur Besiedlung mit Mikroorganismen. Im oberen Bereich werden sich aerobe, vor allem nitrifizierende Bakterien einfinden, in tieferen Schichten, vor allem bei einer Kohlenstoffquelle wie Holz, Wurzeln oder Futterresten, Bakterien ansiedeln, die Nitrat weiter in Stickstoff umwandeln (siehe Seite 81).

Manado soll als Nährstoffbatterie wirken, also überschüssige Stoffe speichern und bei Bedarf wieder abgeben. Die Speicherung funktioniert sehr gut, die Abgabe funktioniert hauptsächlich

> **Autorentipp**
>
> Ich habe mit Manado beste Erfahrungen bei niedriger Bodengrundhöhe gemacht. Bei Schütthöhen über 6 bis 8 cm erwies er sich allerdings als effektives Denitrifizierungsmedium, in welchem zugedüngtes Nitrat gleich in Stickstoff umgewandelt wurde, sichtbar an den aufsteigenden Blasen. In diesem Aquarium war als Kohlenstoffquelle Moorkienholz bis in tiefe Schichten vorhanden – paradiesische Zustände für denitrifizierende Organismen.

dort, wo die Pflanzenwurzeln hingelangen, um die Nährstoffe direkt aufzuschließen.

Anorganische Bodenzusätze

Beimischungen wie Ton, Laterit (eisenhaltiger Ton) oder Lehm sind etwas aus der Mode gekommen. Es gab immer wieder Meldungen, Laterit im Bodengrund sei für ausgeprägte Algenplagen verantwortlich. Im Aquascaping sind diese Zusätze wenig gebräuchlich. Es kann aber sinnvoll sein, einzelne Kügelchen davon, etwa monatlich, in Wurzelnähe stark zehrender Pflanzen einzubringen.

Organische Bodenzusätze

Torf, Blumenerde oder Gartenerde als unterste Schicht des Bodengrundes – ist das sinnvoll? Torf wird in der Aquaristik seit langem verwendet, vorrangig bei der Haltung und Zucht von Weichwasserfischen. Aquarienpflanzen aus Weichwassergebieten wachsen in torfgesäuertem Wasser sehr gut. Torf kann das Wasser erheblich färben. Garten- und Pflanzerde als Bodenzusatz beschreibt Diana Walstad ausführlich in ihrem sehr interessanten Buch ‚Das bepflanzte Aquarium' (siehe Seite 121).

Bei organischen Bodenzusätzen besteht die Unwägbarkeit wohl in der Verrottung, die oft nach ein bis zwei Jahren stärker einsetzt. Geht sie in ein anaerobes Stadium über, sind Algenplagen und Fäulnis nicht unwahrscheinlich. Werden die passenden Erden sorgfältig ausgesucht und richtig verwendet, sollte sich das aber vermeiden lassen. Man hat dann einen nährstoffreichen Boden, der die Pflanzen über einige Jahre versorgt.

> **Gut zu wissen**
>
> Keinesfalls dürfen organische Bestandteile oder gar ganze Böden mit feinkörnigem Material abgedeckt werden. Unter Sauerstoffabschluss führt dies zu ausgeprägten Fäulnisherden. Sand auf Torf, Erde oder Nährboden ist die denkbar schlechteste Kombination.

Soil

Ein Sonderfall ist das Soil (engl. Boden). Es kam mit der Aquascaping-Szene um Takashi Amano auf und besteht aus gebrannten Erden. Es wurde entwickelt, weil die gebräuchlichen Bodengrundmaterialien alle irgendwelche Nachteile zeigten, die sie für intensive Pflanzenaquaristik nur bedingt brauchbar machten. Sand oder Kies weisen einen Mangel an Nährstoffen auf, organisch angereicherte Böden können verrotten oder die Stoffe zu schnell und unkontrolliert an das Wasser abgeben, mit vermehrtem Algenaufkommen oder Trübungen als Folge.

Die Entwicklung von Powersand, einem mit Dünger getränkten und verschiedensten Trockenstadien sogenannter ‚Erdmikroben' versetzten Bimsstein, war das Resultat aus der Beobachtung, dass in natürlichen Gewässern organische Substanzen von einer Vielfalt an Mikroorganismen abgebaut werden. Später kamen die Aqua-Soils aus verschiedenen gebrannten Erden mit hohen Anteilen an organischem Material dazu. Der organische Anteil ist besonders wichtig, denn er ernährt die Mikroben, die daraus pflanzenverfügbare Nährstoffe bilden.

Die Erden sind so abgestimmt, dass sie ihre Nährstoffe gleichmäßig abgeben und ein anderer großer Vorteil liegt in ihrer Konsistenz. Die Wurzeln können sich gut in den Soils verankern und sie gut durchdringen. Im Aquascaping sind sie besonders verbreitet als Substrat für ‚Teppiche' aus Bodendeckern wie *Hemianthus callitrichoides* cuba, *Glossostigma elatinoides*, *Eleocharis*, *Lilaeopsis* und andere.

> **Gut zu wissen**
>
> – Aqua-Soils senken pH-Wert und KH. Anfangs am stärksten, lässt dieser Effekt im Lauf von ein bis zwei Monaten immer mehr nach. Aqua-Soils erzeugen aber weiterhin ein von den Wurzeln bevorzugtes, leicht saures Umfeld.
> – Unbedingt zu beachten ist die anfangs sehr starke Abgabe von Ammonium in die Wassersäule, bedingt durch den organischen Anteil. Es ergeben sich sehr hohe Ammoniumwerte, die durch intensiven Teilwasserwechsel ausgetragen werden müssen.
> – Sie sollten auf jeden Fall den Ammonium- und den darauf folgenden Nitritpeak (siehe Seite 83) abwarten, bevor Sie Fische oder Zwerggarnelen einsetzen.

Den größten Vorteil der Soils könnte man darin sehen, dass das Wachstum von eher schwierig zu kultivierenden Bodendeckern und kleinen Vordergrundpflanzen schön und gesund ist. Als Nachteile stehen dem die unkontrolliert ablaufende Senkung von pH und KH und noch gravierender, die satte Ammoniumabgabe in die freie Wassersäule gegenüber. Doch gibt es neue Arten von Soils mit anderen Eigenschaften und solche, bei denen die Ammoniumkonzentrationen sogar reduziert werden soll.

Das Hardscape

Der Begriff Hardscape steht für Steine und Wurzeln als Gestaltungselemente, im Gegensatz zu den ‚weichen' Pflanzen. Das Hardscape wird beim Aquascapen ‚inszeniert': Ein Stein ist nicht nur ein Stein, er kann einen Berg darstellen, einzeln oder in einer Gebirgslandschaft. Mehrere gleiche Steine werden zu Felsklüften und Gebirgen. Bühne frei!

In Steinlayouts, den Iwagumis, werden meist keine oder nur wenige, kleinere Holzstücke verwendet. Steine sollten von derselben Sorte und Farbe sein, um natürlich zu wirken. Ein runder Flusskiesel neben einem zerklüfteten Drachenstein sieht deplaziert aus. Auch führt das Nebeneinanderstellen großer Wurzeln und großer Steine selten zu gelungenen Kompositionen. Meist werden nur gleichartige Hölzer zusammen verwendet, zu verschiedenartige Wurzeln machen ein Layout unruhig.

Wurzeln und Hölzer

Im Aquascape werden aus Wurzeln Bäume und ganze Wälder. Bepflanzt mit Moosen oder kleinen Blattpflanzen vermitteln sie den Eindruck belaubter Baumkronen. In wurzel- und holzbetonten Aquascapes verwendet man meist nur kleinere oder überhaupt keine Steine.

Nicht jede Art Holz kann verwendet werden, für das Aquarium darf es eigentlich nur noch Lignin enthalten, die härteste Stützsubstanz, andernfalls droht Fäulnisgefahr. Geeignet ist Holz dann, wenn es entweder völlig ausgetrocknet, wie Wüstenholz, oder sehr lange im Wasser oder

Wurzeln und Hölzer

in nasser Umgebung gelegen hat, so wie Moorkienholz.

Selbstgesammeltes Holz kann meistens nicht verwendet werden, denn oft sind selbst dürre Äste nicht völlig ausgetrocknet. Wurzeln und Äste aus Bächen oder Seen können noch organische Bestandteile enthalten. Dies zeigt sich meist erst im tropenwarmen Aquarium: sie fangen an zu faulen. Außerdem halten sich in Ritzen und Spalten manche Bewohner auf, die man nicht gerade haben will. Erwerben Sie die gewünschten Hölzer im Fachhandel, sind Sie auf jeden Fall auf der sicheren Seite, die Auswahl dort ist meist sehr gut.

Nicht alle Hölzer für Terrarien sind auch fürs Aquarium geeignet. Zierkorkrindenstücke schwimmen im Aquarium jahrelang auf. Fragen Sie im Einzelfall nach und bedenken Sie auch, dass Wurzeln, um aquarientauglich zu sein, völlig unbehandelt sein müssen. Das dekorative Holz von Rebstöcken etwa kann Pestizidreste enthalten und eine ganze Zwerggarnelenpopulation im Aquarium vernichten.

Holz kann sich im Aquarium verändern

Bedenken Sie beim Kauf, dass die im trockenen Zustand ausgesuchten Hölzer im Wasser oft viel dunkler wirken und oft auch nachdunkeln. Das sehr dekorative ‚Rote Moorholz' wird innerhalb einiger Wochen im Aquarium braun. Die kleinen Birkenstämmchen auf dem Foto Seite 4 wurden drei Jahre lang getrocknet und danach bis zum Absinken vorgewässert. Nach einigen Wochen im Aquarium veränderte sich die Farbe doch, das schöne Weiß wurde rötlich braun. Fäulnis trat durch die lange Trocknungszeit allerdings nicht auf.

> **Gut zu wissen**
>
> Nicht alle Hölzer sind garnelengeeignet. Zwerggarnelen sind besonders empfindlich. Was Fische nicht stört, kann sie schon beeinträchtigen oder töten. Besondere Probleme haben sie mit Schwermetallen, die Kupferproblematik ist bekannt. Mopani-Wurzeln stehen im Verdacht, mehr Eisen zu enthalten und abzugeben, als Zwerggarnelen vertragen. Dies scheint aber eine seltene Ausnahme zu sein.

Ist weißer, schimmelartiger Überzug gefährlich?

Es handelt sich um einen Bakterien- oder Pilzbelag, der die Hölzer oft bei Neueinrichtungen befällt. An der Zeit, die er braucht, um wieder zu verschwinden, können Sie ablesen, wie weit die den ‚Schimmel' verwertenden, gewünschten Mikroorganismen im Aquarium schon entwickelt sind. Spätestens nach 14 Tagen sollte er nicht mehr da sein, oft genügen drei bis vier Tage. Verschiedene Bakterienpräparate beschleunigen den

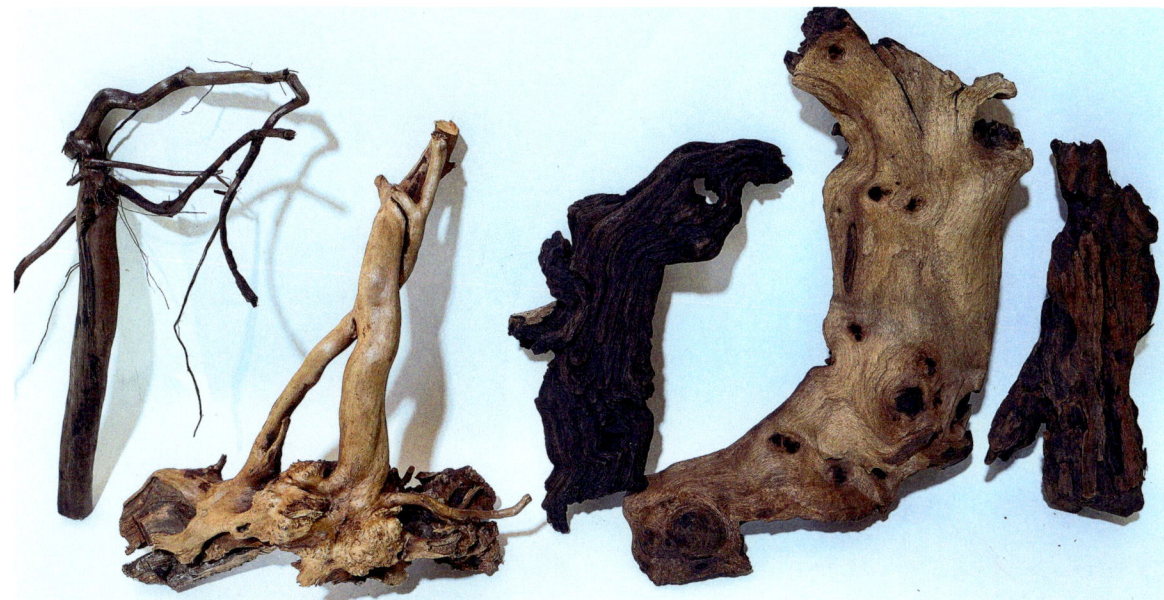

Wurzeln und Hölzer von links nach rechts:
1 – Moorkienholz ist gut erhältlich und bleibt lange Zeit schön.
2 – Rote Moorwurzel (Wüstenwurzel) dunkelt mit der Zeit nach.
3 und 4 – Mopani-Holz sollte besonders gründlich vorgewässert werden, da es viele färbende Fulvosäuren abgibt.
5 – Yati-Holz schwimmt kaum auf und färbt nur wenige Tage.

Abbau des Belags, auch Schnecken und Welse knabbern daran. Er ist harmlos und ungiftig.

Wurzeln und Hölzer vorbereiten
Ganz wichtig: Wurzeln müssen immer in sauberem Wasser so lange vorgewässert werden, bis sie nicht mehr oben treiben. Sie dürfen keine wasserfärbenden Stoffe mehr abgeben, außer dies ist erwünscht. Manche Wurzeln wie Mopani sinken sofort ab, andere treiben wochenlang auf. Erst wenn sie von selbst absinken, dürfen sie ins Aquarium. Davor nochmals gründlich mit warmem Wasser und einer Bürste säubern!

Auch Wurzeln, die sofort untergehen, können noch wochenlang Humin- und Fulvosäuren abgeben, die das Wasser bernsteinfarben bis braun färben. Die in Konservierungssalz eingelegten, sehr schönen nassen Moorkienhölzer müssen gründlich vom Salz befreit und dann ebenfalls noch kurze Zeit gewässert werden.

> **Gut zu wissen**
>
> Vor dem Einbringen ins Aquarium sollten Sie die Wurzeln und Hölzer einem ‚Riechtest' unterziehen, um faulende Stellen aufzuspüren. Bei gekauften Hölzern kommen diese sehr selten vor.

Steine von links nach rechts:
1 – Drachen- oder Ohko-Stein, mit seiner zerklüfteten Oberfläche ideal für Aquascapes. Er härtet das Wasser nicht auf.
2 – Lava ist porös und leicht. Es eignet sich hervorragend, um Farne und Moose aufzubinden und verändert die Wasserwerte nicht.
3 – Pagodensteine erinnern an natürliche Felslandschaften. Sie können leicht aufhärtend wirken.
4 – Versteinertes Laub ist in rötlich braunen bis gelben Farbnuancen erhältlich.
5 – Versteinertes Holz kommt in verschiedenen Farben vor. Je nach Herkunft kann es das Wasser gering aufhärten.

Steine

Bedenken Sie bei der Planung eines größeren Steinlayouts das spätere Gewicht. Verankern Sie die Steinaufbauten gut im Bodengrund und beobachten Sie die Steine und Aufbauten beim Einlassen des Wassers, ob sie rutschen und gar kippen. Vor dem Einbringen ins Aquarium sollten Steine mit heißem Wasser und einer groben Bürste gründlich gereinigt werden.

Manche Steine beeinflussen die Wasserwerte nicht, andere härten unterschiedlich stark auf. Bei Steinen aus dem Fachhandel ist der Aufhärtegrad ziemlich bekannt, Steine aus anderen Quellen können sogar Schwermetalle und Salze ins Wasser abgeben, je nach Zusammensetzung. Gerade die schönsten sind oft die gefährlichsten: Azurite und Malachite geben in großen Mengen Kupfer ab, auch selbstgesammelter Schiefer kann bedenklich sein.

Am sichersten sind Sie, wenn Sie auf das Angebot des Fachhandels zurückgreifen.

Kalkgehalt testen

Eine gute und genaue Methode ist es, den Stein in destilliertes oder vollentsalztes Wasser zu legen und dann die Härte des Wassers zu messen. Wird das Verhältnis von Stein zu Wassermenge entsprechend der späteren Wassermenge im Aquarium gewählt, ist der genaue Aufhärtegrad über einen bestimmten Zeitraum bestimmbar.

Die Kalklöslichkeit eines Steines können Sie grob feststellen, indem Sie Essigessenz darüber träufeln: bildet sich ein feiner Schaum oder Bläschen, enthält er Kalk. Dieser muss aber bei diesem Test schon recht hoch sein. 5- oder 10 %ige Salzsäure zeigt besser an, doch die hat man meistens nicht zur Hand.

Mikroflora und -fauna

Werden zwei gleich große Aquarien nebeneinander gestellt, mit gleichem Bodengrund in gleicher Menge und Höhe, gleichem Wasser sowie gleicher Technik und Beleuchtung, sollte man meinen, sie würden sich auch gleich entwickeln. Und zwar vor allem dann, wenn Pflanzen- und Tierbestand identisch sind, gleich gefüttert wird und die Pflegemaßnahmen stets parallel durchgeführt werden.

Seltsamerweise macht man die Erfahrung, dass sich die Becken in verschiedene Richtungen entwickeln. Der Pflanzenbestand im einen kann sich als wüchsiger erweisen oder es bilden sich in einem Becken Algen, im andern nicht. Die Gründe dafür sind kaum bekannt, sicherlich hat aber die entstehende Mikroflora großen Anteil daran.

Das biologische Gleichgewicht im Aquarium

Die Einfahrphase eines Aquariums bezeichnet den Zeitraum nach dem Einrichten, in dem sich stabile biologische Verhältnisse und ein möglichst geschlossener Nährstoffkreislauf entwickeln sollen. Alle Organismen im Aquarium sind daran beteiligt, Mikroben, Pflanzen und Tiere. Dabei darf das Aufkommen an organischen Abfallstoffen, die im Nitrifikationsprozess umgewandelt werden, die Aufnahmefähigkeit des Pflanzen- und Bakterienbesatzes nicht übersteigen. Sonst treten die typischen Probleme des überbesetzten Anfängerbeckens auf: zu viel Nitrit, Nitrat und Phosphat, zu viel Mulm auf dem Boden, verschlammter Filter und so fort. All dies erfordert letztendlich zu viel Wasserwechsel.

Klassifizierung der Bakterien

Heterotrophe Bakterien benötigen wie Tiere und Menschen organische Stoffe zur Energiegewinnung, autotrophe (chemoautotrophe) Bakterien kommen mit anorganischen Stoffen aus. Heterotrophe Bakterien werden im Aquarium zum Abbau organischer Stoffe gebraucht, autotrophe führen die eigentliche Nitrifikation durch. Die meisten heterotrophen Bakterien vermehren sich wesentlich schneller als die autotrophen.

Das zweite Unterscheidungsmerkmal betrifft die Art der Zellatmung. Aerobe Bakterien veratmen Sauerstoff, anaerobe Arten müssen in sauerstoffarmen oder -freien Zonen Nitrat, Sulfat, Eisen oder Mangen als Energiequelle nutzen. Arten, die sowohl aerob als auch anaerob leben können, nennt man fakultativ.

Nitrifikation

Als Nitrifikation oder Nitrifizierung wird die mikrobielle Umwandlung von Abfallstoffen zu Pflanzennährstoffen bezeichnet. Organisches Ausgangsmaterial wird in verschiedenen Schritten zu mineralischen Stoffen abgebaut. Genau darauf spezialisierte Arten aerober Mikroorganismen führen diese Zwischenschritte durch, wobei sie die Zwischenprodukte im eigenen Stoffwechsel verwerten, dabei Sauerstoff verbrauchen und CO_2 abgeben.

Ammoniak NH_3/Ammonium NH_4

Im ersten Schritt wird aus organischen Abfällen Ammoniak NH_3 gebildet, ein Gas, das sich bei pH-

Werten unter 7 im Regelfall sofort in Ammoniumionen NH_4, die gelöste Form, umwandelt. Ammonium ist neben Nitrat eine gute Stickstoffquelle für Pflanzen.

> **Gut zu wissen**
>
> Ansteigende Ammoniumwerte zeigen eine beginnende Wasserverschlechterung an. Aus Ammonium entsteht bei pH-Werten über 7 Ammoniak, ein giftiges Gas. Sinkt der pH, löst sich dieses wieder. Bei sehr viel freiem Ammoniak kann aber auch bei einem pH unter 7 etwas davon nachweisbar sein, weil sich Gleichgewichtsreaktionen einstellen. Fische geben als Stoffwechselprodukt ständig geringe Mengen Ammoniak über die Kiemen ab.

Ammonium ist zumindest in aquarienrelevanten Mengen nicht giftig, für das Gesamtsystem Wasser aber gefährlich, weil bei pH-Anstieg Ammoniak entsteht. Sehr starker Ammoniakanstieg kann ganze tierische Populationen auslöschen, daher entwickelte die Natur gleich drei Möglichkeiten, um diesen Stoff schnell aus dem Wasser zu entfernen:
- Wasserpflanzen nehmen ihn bevorzugt und direkt auf
- Nitrifizierende Bakterien wandeln ihn schnell um.
- Sind beide nicht vorhanden, bauen Grünalgen ihn sofort ab.

Zwischen diesen drei Verwertern herrscht steter Konkurrenzdruck. Im Interesse des Pflanzenaquarianers liegt es, dass zuerst die Pflanzen das Ammonium aufnehmen. Stehen Pflanzenbestand und

Durch einen gesunden Pflanzenbestand und schnelle Etablierung stabiler Bakterienkulturen von Anfang an lässt sich der Ammoniumabbau durch Algen verhindern.

anfallende Eiweißstoffe im vernünftigen Verhältnis, wird dies funktionieren. Trotzdem sollten die abbauenden Bakterien gefördert werden, weil erstens ein nächtlicher Anstieg von NH_3/NH_4 nicht riskiert werden kann und zweitens durch die Verlagerung des Nitifikationsprozesses in den Bodengrund die Stoffe pflanzenverfügbar bleiben.

Nitrit NO_2

Ammonium wird in der zweiten Stufe des Nitrifikationsprozesses in Nitrit NO_2 umgewandelt. Auch dieses ist giftig. Während Ammoniak Zwerggarnelen und vielen Wirbellosen schadet, wird Nitrit mehr den Fischen gefährlich. Besonders in weichem Wasser wird es von Fischen anstelle von Chlorid aufgenommen. Nitrit wird auch von Pflanzen verwertet, ist allerdings nicht ihre bevorzugte Stickstoffquelle.

Nitrit muss ebenfalls schnell abgebaut werden. Im länger laufenden Aquarium geschieht dies auch in effizienter Weise, während zu Beginn noch nicht genügend pflanzliche und bakterielle Nitritverwerter vorhanden sind. So kommen beim Nitritabbau auch hier vermutlich Algen ins Spiel.

Nitrat NO_3

Nitrat ist die Endstufe des bakteriellen, oxidativen Eiweißabbauprozesses, danach geht es im Stickstoffkreislauf anaerob weiter und anaerobe Bakterienarten leisten den weiteren Abbau.

Nitrat kann im Pflanzenaquarium kaum gefährliche Konzentrationen erreichen, weit mehr Probleme aber entstehen durch einen nicht erkannten Mangel. Anaerobe Verhältnisse im großen Ausmaß sind daher nicht gewünscht, kleinere anaerobe Zonen, ausschließlich im Bodengrund, sollten entstehen, um die Reduktionen von ausgefällten Spurenelementen zu ermöglichen.

Der gefürchtete Nitritpeak

Der Hochpunkt der Bildung des fischgiftigen Nitrits entsteht, wenn viele organische Abbaustoffe auf wenige spezialisierte Bakterienarten treffen, zum Beispiel:
- bei Neueinrichtung,
- nach sehr gründlicher Aquarien- oder Filterreinigung,
- bei starker Erhöhung des Fischbesatzes oder
- kurz nach der Umstellung von Intensiv- auf Geringfilterung.

Ausgerechnet diese Abbaubakterien sind nicht die schnellsten. Während sich manche Einzeller alle 20 Minuten verdoppeln, benötigt *Nitrobacter*, der Ammonium in Nitrit umbaut, für eine Teilung etwa 18 Stunden. *Nitrosomonas*, der Nitrit in Nitrat überführt, hat eine Generationenfolge von etwa 22 Stunden, jeweils bei einer Idealtemperatur von 25 °C. Zu Beginn fällt NH_3/NH_4 an und summiert sich, weil sich *Nitrobacter* erst entwickeln muss. Dies ist der erste kritische Zeitpunkt. Infolge zu geringer Anzahl kommen die *Nitrosomonas* daraufhin nicht mit der Weiterverarbeitung zu Nitrat nach, der Nitritpeak entsteht. Es kann bis zu 35 Tagen dauern, bis er überwunden ist. Innerhalb dieses Zeitraumes darf keine Vollbesetzung des Beckens erfolgen. Sind dann genügend *Nitrobacter* und *Nitrosomonas* (sowie verwandte Arten) vorhanden, wird Nitrit und dann Nitrat zügig gebildet.

Gut zu wissen

Bewährt hat es sich, das Aquascape von Anfang an gut zu bepflanzen und gleich einige wenige unempfindliche Fische und Zwerggarnelen einzusetzen. Auch Schnecken, außer den gefräßigen Apfelschnecken, dürfen sofort einziehen. Gefüttert wird extrem sparsam, die Tiere sollen bereits kleinste Algenaufkommen abweiden. Zu reichliches Futter würde nur Nitritpeaks hervorgerufen.

Zeitablauf des Eiweißabbaus

Der mikrobielle Eiweißabbau verläuft unterschiedlich schnell:
- Proteine des Fischfutters werden etwa vier Stunden nach Aufnahme vom Fisch als Ammoniak freigesetzt, dieses geht in wenigen Sekunden in Lösung zu Ammonium.
- Ammonium hält sich bis zu einer Stunde im Wasser, um dann im Filter in etwa fünf Minuten zu Nitrit und sofort zu Nitrat umgewandelt zu werden.
- Nitrat wird im sauerstoffreduzierten Milieu in etwa 20 Minuten zu gasförmigem Stickstoff weiterverarbeitet.

Es fällt auf, dass die zwei toxischen Substanzen in der Verarbeitungskette sehr schnell in die ungiftigen Formen Ammonium und Nitrat umgewandelt werden. Diese bleiben lange genug im freien Wasser, dass Wasserpflanzen sie als Nährstoffe nutzen können.

Starterbakterien bei der Neueinrichtung, ja oder nein?

Das neu eingerichtete Aquarium ist durch noch nicht etablierte Bakterienkulturen in jeder Richtung instabil. So erscheint die Zugabe solcher Kulturen in der Einfahrphase äußerst sinnvoll. Am besten bringt man neben den Nitrifikationsbakterien weitere Kulturen ein, die Feststoffe verarbeiten, den sogenannten Mulm. Im Pflanzenaquarium soll der Mulm immer mehr verkleinert und umgebaut werden, bis er als Nährstoff für Pflanzenwurzeln verfügbar ist.

Bei jedem dieser Schritte kommen andere Bakterienarten ins Spiel. Am Anfang sollten möglichst vielfältige Kulturen von Mikroorganismen vorhanden sein, aus denen sich die zum jeweiligen Schritt nötigen vermehren können.

Viele Aquarianer verwenden, um ein neues Aquarium mit Kleinstorganismen zu versorgen, Mulm oder Filterschlamm aus einem gut laufenden Becken. Auch eine nur leicht mit temperiertem Aquariumwasser gewaschene Filtermatte aus einem eingefahrenen Aquarium kann verwendet werden. Teichschlamm wird ebenfalls empfohlen. Dabei heißt es aufpassen, damit nicht unerwünschte Gäste wie Planarien und Ähnliches mit eingeschleppt werden.

Gut zu wissen

Geeignete bakterielle Starterprodukte sind zum Beispiel FB1 von Dennerle und EM-Gewässer. Auch amtra clean hat sich sehr gut bewährt.

Die meisten Hersteller bieten Trockenpräparate an, das heißt die Bakterien liegen in Sporenform vor. Einen anderen Weg geht die Firma Söll mit ihren Baktinetten aus lebenden Kulturen. Sie werden in der Kühlkette transportiert und sollen di-

Das Zierliche Perlkraut ist zart, veralgt leicht und kümmert dann nur noch. In einem schönen Zustand bleibt es, wenn Zwerggarnelen mit im Becken sind. Das Rundblättrige Perlkraut ist weniger empfindlich und hat rundliche, etwas festere Blättchen.

rekt in den Aquarienfilter eingebracht werden. Im Aquascape wäre zu überlegen, ob sie nicht besser in der obersten Schicht des Bodengrunds aufgehoben wären, um nach dem Prinzip der Geringfilterung möglichst viele Abbauprozesse im Bodengrund ablaufen zu lassen.

Günstige Aquarienflora ansiedeln

Die Mikrofauna des Aquariums passt sich den Wasserbelastungen an und stellt ihre Abbauleistung darauf ein. Zusammensetzung und Populationsgröße der verschiedenen Arten wird vom Nahrungsangebot bestimmt. Gefördert werden solche Mikroorganismen, die festsitzend im Bodengrund, auf Wurzeln, Steinen und in der Filtermatte leben, denn sie klären das Wasser.

Treten weißliche oder graue Trübungen auf, sind die „falschen" Mikroben am Werk. Schwebende Bakterien erhöhen die Keimdichte des Wassers und dies ist der Gesundheit der Bewohner nicht zuträglich. Handelt es sich bei den Trübungen nicht um Schwebeteilchen aus dem Bodengrund, können zu viel Dünger, Fischfutter oder Gemüse und Obststückchen für Garnelen im Becken sein.

In einem noch nicht im biologischen Gleichgewicht befindlichen Becken kann dies verheerende Folgen haben: Innerhalb von 24 Stunden bildet sich eine undurchsichtige, weiße Brühe. Bakterien oder Infusorien, also Pantoffeltierchen, Rädertierchen und andere, vermehren sich rasend schnell, um die Nährstoffmenge zu verarbeiten, bevor eine Vergiftung des Wassers eintritt. Außerdem wird Sauerstoff knapp, weil er für den Abbau verbraucht wird.

Wasser

„In einem sachgemäß eingerichteten und bepflanzten Aquarium muss das Wasser trotz jahrelanger Benutzung und Nichterneuerung klar und durchsichtig bleiben."
Dr. E. Zernecke, Leitfaden für Aquarien- und Terrarienfreunde, 1906

Dieses Zitat von 1906 bringt Ing. Deters auf seiner sehr interessanten Webseite *deters-ing.de*. Hoppla, da wurde ja überhaupt gar kein Wasser gewechselt! Mehr als hundert Jahre später hat sich die Einstellung dazu grundlegend geändert und es gibt Empfehlungen, bis zu 80 % des Wassers wöchentlich auszutauschen. Wie soll man es denn nun machen?

Wasserwechsel

Von der Logik her braucht ein Pflanzenaquarium oder Aquascape grundsätzlich weniger Wasserwechsel als ein gut besetztes Fischbecken, weil der Hauptgrund entfällt: das Nitrat (siehe Seite 82). Im Pflanzenbecken wird nicht nur das Nitrat von den Pflanzen restlos aufgenommen, es wird sogar noch zugedüngt. Warum also soll ein Wasserwechsel gemacht werden? Gibt es weitere Stoffe, die entfernt werden müssen? Und welche sind das?

Zunächst müssen die Ungleichgewichte in der Düngung ausgetragen werden, denn trotz größter Sorgfalt kann es kaum gelingen, 100 % bedarfsgerecht zu düngen. Darüber hinaus sammeln sich Stoffe an, die von den Pflanzen nicht oder nur in minimalen Spuren benötigt werden wie Natrium, Chlorid, eventuell Sulfat. Auch wird vermutet, dass bestimmte, von den Pflanzen abgegebene Hemmstoffe auf andere Arten schädigend wirken können.

So hat sich ein Wechsel von etwa 25 % der Gesamtwassermenge alle 14 Tage oder einmal wöchentlich für ein eingespieltes Aquarium als günstig herausgestellt. Bei kleineren Becken (Nanos) sollte ein Teilwasserwechsel wöchentlich erfolgen, wobei es grundsätzlich schonender ist, öfter einen kleineren Teil auszutauschen, als sehr große Mengen auf einmal.

Gut zu wissen

Das ausgewechselte Aquarienwasser eignet sich übrigens hervorragend als Gießwasser für Topf- oder Gartenpflanzen.

Das Wechselwasser
- Können Sie das Frischwasser nicht über eine Umkehrosmose- oder Entsalzungsanlage aufbereiten, dann verwenden Sie möglichst abgestandenes Wasser.
- Eventuell enthaltenes Chlor entweicht als Gas, wenn es mit starkem Strahl in den Vorratsbehälter eingebraust wird.
- Das Wechselwasser sollte sich im Gasgleichgewicht befinden, zu viele kleine Luftbläschen im Aquarium können sogar den Fischen schaden.
- Die Wassertemperatur im Aquarium nach dem Wasserwechsel sollte 20 °C nicht unterschreiten.
- Ist der pH-Wert des Wechselwassers sehr hoch und der Ammoniumgehalt des Aquarienwassers

Ein Teilwasserwechsel mit gutem, frischem Wasser wirkt vitalisierend auf das ganze Aquarienbiotop.

ebenfalls, kann dies Wirbellosen schaden: es kommt zur schnellen Rückumwandlung größerer Mengen von Ammonium zu Ammoniak (siehe Seite 73).
- Steht Wasser länger als vier Stunden in Leitungen oder im Boiler (Stagnationswasser), können sich bedenkliche Stoffe lösen, vor allem Kupfer und in alten Hausleitungen (vor 1970) auch Blei.
- Achtung: Eine Hausentsalzungsanlage (Neutralaustauscher) tauscht Calcium- und Magnesiumionen (die Wasserhärte) gegen Natriumionen aus. Das Wasser wird damit für Aquarien unbrauchbar.
- Wasserwerke setzen dem Wasser oft am Wochenende wegen des geringeren Verbrauchs mehr Chlor zu.

Gut zu wissen

Fischkrankheiten treten oft nach zu umfangreichen Wasserwechseln mit unpassendem Wasser auf – ein bekanntes Phänomen in der Aquaristik.

Wie gut ist unser Leitungswasser?

Leitungswasser ist bestens kontrolliert, sauberes Brauchwasser, als Trinkwasser geeignet, für Mensch und Haustier in Ordnung. Allerdings ist Leitungswasser kein Aquarienwasser.

Für die Wasserwerke ist es wichtig, dass die Richtlinien der Trinkwasserverordnung (TWVO) eingehalten werden. Leitungswasser soll möglichst keimfrei sein und so ist es dem Wasserwerk erlaubt, Desinfektionsmittel einzusetzen. Oft wird Chlor zugefügt – ein starkes Fischgift.

Wasser ist auch ein hervorragendes Lösungsmittel. Aus dem Leitungsnetz bis zu den Armaturen kann einiges ankommen, was für Aquarienpfleglinge problematisch ist. In weichem, saurem Wasser lösen sich manche Schwermetallsalze besser als in alkalischem. Aus neuen Leitungen und Armaturen gehen mehr Stoffe ins Wasser über als aus älteren, die eine schützende Patina haben.

Einzelne Substanzen, die unterhalb der erlaubten Obergrenze der Trinkwasserverordnung liegen, sind für manche Aquarienpfleglinge schon zu viel. In Deutschland gibt es über 500 Pestizide, 280 davon gelten als krebserregend. Häufig werden Phosphate oder Silikate als Korrosionsschutz beigemischt. Silikate sind die harmlosere Variante für Aquarianer, sie gelten lediglich als Nahrungsquelle von Kieselalgen (Diatomeen).

In der Ausgabe 3/2012 der *vda-aktuell* wird auf Polyphosphate im Trinkwasser genauer eingegangen. Sie ermöglichen den Wasserwerken eine kostengünstige Aufbereitung des Wassers. Im Aquarium richten sie große Schäden an: Sie fällen sofort sämtliches Eisen aus, die restlichen Phosphate verursachen Blaualgenplagen.

Check: Brauche ich Wasseraufbereiter?
- Hat das Wasser eine Umkehrosmoseanlage oder einen Carbon-Blockfilter (Kohleblockfilterung) durchlaufen: nein.
- Enthält das Wasser keine unerwünschten Stoffe und ist etwa 24 Stunden abgestanden: nicht unbedingt.
- Wenn Sie nicht genau wissen, ob unerwünschte Stoffe im Wasser enthalten sind, dann: auf jeden Fall.

Aquarienwasseraufbereiter sollten Chlor, Schwermetalle und andere Stoffe im Wasser binden können, außerdem enthalten sie Schutzkolloide für Haut und Schleimhaut der Fische. Es gibt auch Wasseraufbereiter, die nicht mehr aus chemischen Komplexbildnern bestehen, sondern aus natürlichen, gelösten Kohlenstoffverbindungen, beispielsweise amtra pro nature.

Gut zu wissen

Der Wasseraufbereiter muss immer schon dem Wechselwasser zugegeben werden, denn:
Wird zuerst Wasser ins Aquarium eingelassen und dann der Aufbereiter hinzugefügt, kann durch die Desinfektionsmittel im Leitungswasser schon eine Schädigung der erwünschten Bakterien (Filterbakterien) eingetreten sein.

Was kann man messen und testen?

Es ist interessant, viele Werte seines Aquascapes zu kennen. Haben Sie Probleme mit Kieselalgen (Diatomeen), sollten Sie über den Silikatgehalt Bescheid wissen. Sonst ist der Wert uninteressant. Sie können den Sauerstoffgehalt messen oder die Fische beobachten, wie sie atmen. Vor allem morgens, wenn das Licht noch aus ist und die Pflanzen noch nicht assimilieren, ist er am niedrigsten. Manche Testwerte sind temporär interessant, etwa der Nitritgehalt in der Einfahrphase. Haben Sie bereits Aquarienerfahrung oder beachten die Hinweise dieses Buches, wird sich kein bedenklicher Nitritgehalt einstellen.

Messungen vieler Parameter kosten Zeit. Wirklich wichtig sind:
- die Messungen der Gesamthärte GH und der Karbonathärte KH. Hierfür sind preisgünstige Tröpfchentests erhältlich, genau, schnell durchzuführen und recht lange haltbar. Auch der pH-Test gehört zur Grundausstattung.
- Sinnvoll für Bedarfsermittlung und gezielte Düngung der Makronährstoffe Nitrat, Phosphat und Kalium sind die entsprechenden Tests.
- Ein CO_2-Tröpfchentest ist hilfreich, der ständig im Becken verbleibende CO_2-Dauertest im Pflanzenaquarium ein Muss. Die restlichen, mengenmäßig keine große Rolle spielenden Makronährstoffe werden meist im geeigneten Verhältnis im Wasser sein oder mit den Düngern zugeführt.
- Von den Mikronährstoffen ist Eisen interessant. Die meisten Eisentests messen nicht das chelatierte Eisen (siehe Seite 101). Dieses hat aber den größeren Anteil im Aquarienwasser und so sind diese Tests nicht sinnvoll. Empfehlenswert dagegen ist ein Gesamteisen-Test.
- Halten Sie Wirbellose, benötigen Sie einen Kupfertest, außer Sie nutzen eine Umkehrosmoseanlage, Kohleblockfilterung oder einen guten Wasseraufbereiter.
- Bei den meisten Soil-Bodengründen oder Urea-/Ammoniumdüngung ist ein Ammonium/Ammoniaktest sehr nützlich.

Stäbchen- und Tröpfchentests
Mehrere Parameter zugleich messen Sie leicht und schnell mit Teststäbchen. Sie werden kurz ins Wasser getaucht und abgelesen. Wegen ihrer gewissen Ungenauigkeit auch ‚Ratestäbchen' ge-

> **Gut zu wissen**
>
> Einige Grundwerte sollten am Anfang öfter, später sporadisch überprüft werden, etwa GH, KH, pH, Nitrat, Phosphat, Kalium, Gesamteisen. Daneben werden Sie über das Beobachten von Pflanzenwuchs, Verhalten der Tiere oder der Klarheit des Wassers mit der Zeit einen guten Gesamtüberblick erhalten.

nannt, bieten sie trotzdem einen raschen Überblick und können regelmäßig schnell und einfach genutzt werden.

Tropfentests sind genauer, aber nicht ohne Tücken. Oft messen sie zu grob (der pH sollte in Schritten von 0,2 angezeigt werden), manchmal im falschen Messbereich (wenn 0,5 mg/l Kupfer für Wirbellose schwer toxisch sind, muss die Ableseskala darunter beginnen). Nicht bei allen ist die Ablesbarkeit gut. Die Tests können auch überaltern und zeigen dann „Mondwerte" an.

Fotometer
In der Pflanzenaquaristik lohnt sich die Anschaffung eines Fotometers. Damit wird über einen Teststoff in einem Reagenzglas die Färbung oder Wassertrübung gemessen, die sich aus der Reaktion des Teststoffs mit der zu messenden Komponente im Wasser ergibt. Beim Durchgang des Lichts durch die Flüssigkeit entsteht eine Spannungsänderung, die in mV angezeigt wird und sehr präzise, leicht ablesbare Ergebnisse liefert.

Die Pflanzen

Die Pflanzenauswahl für das geplante Aquascape richtet sich hauptsächlich nach zwei Kriterien: den Härtegraden des Wassers und dem Lichtangebot. Bezüglich der Wasserhärte sollten Gesamthärte GH und Karbonathärte KH bekannt sein. In der Pflanzenaquaristik wird vor allem weiches Wasser verwendet. Tatsächlich ist die Auswahl geeigneter Pflanzen im Weichwasseraquarium größer und es braucht weniger CO_2 zugegeben werden. Einige Pflanzen wachsen allerdings auch in hartem Wasser, manche dort sogar besser.

> **Gut zu wissen**
>
> Fast alle erhältlichen Aquarienpflanzen lassen sich sehr gut bei mittleren Härtegraden, GH etwa 10 bis 14 und einer KH von etwa 5 bis 9 kultivieren.

Beachten Sie bei der Auswahl die bevorzugte Temperatur der einzelnen Pflanzenarten. Der Bereich zwischen 23 und 25 °C sagt, mit wenigen Ausnahmen, fast allen zu. Etwas niedrigere Temperaturen führen generell eher zu einem langsamen, gedrungenen Wuchs.

Pflanzen sind Gestaltungselemente
Wuchshöhe und Wuchsgeschwindigkeit sollten zu den Beckenmaßen passen, sonst werden ständig Proportionen verschoben und der Landschaftseindruck geht verloren. Niedrige Pflanzen sollten von höheren nicht zu stark beschattet oder gar

Micranthemum umbrosum, das Rundblättrige Perlkraut, ist eine ideale Hintergrundpflanze für kleine und kleinste Becken. Um dicht zu wachsen, braucht es mindestens Licht von 0,5 Watt pro 1 Liter Wasser. Höhere CO_2-Zufuhr führt zu größeren und schöneren Blättern.

Das Bepflanzen

Bei frisch aus dem Handel kommenden Pflanzen kann ein Problem auftreten, das erst bekannt wurde, seit die Vielzahl der Zwerggarnelen in die Pflanzenaquarien und Aquascapes eingezogen ist: Die Empfindlichkeit dieser kleinen Algenvertilger gegenüber vielen Stoffen, auch Pestiziden.

Die meisten unserer Aquarienpflanzen sind eigentlich Sumpfpflanzen und sie werden wegen des besseren Wachstums emers, also über Wasser, kultiviert. Dabei können Pestizide eingesetzt werden, die bei Zwerggarnelen zu Vergiftungen führen. Die Tiere schießen dann im Becken umher, lassen sich wieder fallen und versuchen, sich irgendwo festzuhalten, was sie aber nicht mehr können. Die wenigsten überleben.

Wasserpflanzengärtnereien ist das Problem wohl bewusst, aber selbst wenn sie keine Pestizide einsetzen, können sie in zugekauften Lieferungen verwendet worden sein. Der Ratschlag, neu gekaufte Pflanzen einige Tage in einem Gefäß zu wässern und täglich das Wasser zu wechseln, wird meist ausreichen, es gibt aber auch andere Erfahrungen. Bleibt zu hoffen, dass sich der sorglose Umgang mit diesen Toxinen, darunter auch

Gut zu wissen

Wer ganz sicher gehen will, kann die neu gekauften Pflanzen – ohne Bleiband, Schaumstoff und Steinwolle in ein Quarantänebecken geben, hell stellen, nicht heizen und ein paar Tage über Aktivkohle filtern. Wer eigene, vorkultivierte Pflanzen hat oder die Zwerggarnelen erst nach 4 bis 5 Wochen einsetzt, kann das Problem ebenfalls umgehen.

ganz unterdrückt werden. Wählen Sie für kleine Scapes auch eher kleinblättrige Pflanzen.

Überlegen Sie bei der Anfertigung des Pflanzplans, ob die ausgesuchten Arten in Bezug auf Wasserhärte, Lichtbedarf und Endgröße zu den vorhandenen Bedingungen passen. Es gibt hierzu sehr gute, ausführliche Literatur (siehe Seite 121).

Im Lauf der Zeit werden sich fast immer Änderungen der ursprünglichen Bepflanzung ergeben. Einige Arten werden schlecht gedeihen, andere zu schnell wachsen, sodass sie ständig gekürzt werden müssen. Manche werden sich wie gewollt entwickeln, sie können dann mehr Raum bekommen.

in der EU verbotene, in manch asiatischer Wasserpflanzengärtnerei ändern wird.

Interessant könnten die neuen In-Vitro-(im Glas)-Kulturen werden. Die Pflanzen kommen aus Gewebekultur und werden in Plastikschälchen angeboten. Dabei wird die Fähigkeit vieler Pflanzen genutzt, sich aus kleinsten Teilen neu zu bilden. Dies geschieht steril auf einem Nährgel. In-Vitro-Pflanzen kommen ab einer gewissen Größe direkt in ihrem Kulturbecher mit dem restlichen Gel in den Handel. So sind sie ohne Pflege und Qualitätsverlust wochen- oder monatelang an einem hellen, nicht direkt besonnten Platz haltbar. Diese Vermehrungsmethode geht schneller als die über Samen und Stecklinge.

Der Nano- und Garnelenboom könnte den In-Vitro-Pflanzen zugute kommen. Sie sind pestizidfrei und dürfen sofort ins Garnelenaquarium.

> **Gut zu wissen**
>
> Vor dem Einsetzen der In-Vitro-Pflanzen ins Aquarium muss das Gel ausgespült werden. Es besteht vor allem aus Meeresalgen-Polysacchariden, im Wasser unproblematischen Zuckerstoffen, die aber zu kurzzeitigem Massenaufkommen von Abbaubakterien führen können.

Vorgehensweisen

Sind Bodengrund und Hardscape eingebracht, bepflanzen einige Aquascaper ,trocken', also bevor das Wasser eingelassen wird. Bei Bodendeckern und niedrigen Pflanzen ist dies eine prima Idee. Man braucht etwas Erfahrung, sonst schwimmen beim Einlassen des Wassers die Pflanzen, die nicht tief genug verankert wurden, gleich wieder mit auf.

Werden Stängelpflanzen gesetzt, geht die Bepflanzung nach Einlassen des Wassers leichter und man sieht sofort dreidimensional, wie die

Sehr vorsichtig, ohne Ziehen und Quetschen, wird die Pflanze aus dem Topf genommen.

> **Gut zu wissen**
>
> Wird trocken bepflanzt, müssen alle Pflanzen öfter mit Wasser aus der Sprühflasche benetzt werden.

Pflanze an ihrem Platz wirkt. Bei großen Becken kann es sinnvoll sein, das Wasser nur bis etwa ⅓ Höhe oder zur Hälfte einzulassen, dann zu bepflanzen und es später vollständig aufzufüllen.

Wenn Sie zuerst das Wasser einlassen und einige Tage warten, können Sie die technischen Geräte besser feinjustieren. Am Tag nach dem Einlassen sind die feinen Trübungen aus dem Bodengrund verschwunden und die Frischwassergasbläschen haben sich aufgelöst.

Die Wurzeln werden mit der Steinwolle zurückgeschnitten.

Steinwollreste werden mit einem Holzstäbchen entfernt.

Pflanzen vorbereiten
Bundpflanzen sind meist mit Schaumstoff und Bleiband ummantelt, damit sie nicht im Wasser auftreiben. Entfernen Sie beides, kürzen Sie die Wurzeln auf etwa 3 cm Länge und schneiden Sie alles was weich, verfärbt und nicht ganz gesund ist, weg.

Topfpflanzen sind in der Regel mit Steinwolle umgeben. Manche Scaper schneiden Wurzelballen und Steinwolle einfach zurück und setzen die Pflanzen mit der Steinwolle ein. Dies verhindert den Auftrieb.

Die feinen Steinwollefasern stehen allerdings im Verdacht, in Kiemen und Verdauungstrakt von vor allem Bodenfischen zu gelangen. Will man dieses Risiko nicht eingehen, muss die Steinwolle sauber entfernt werden. Hierzu schneidet man die Wurzel mitsamt Steinwolle auf 3 cm Länge ab, bei kleinen Pflanzen noch kürzer. Dann wird die Steinwolle aufgeklappt und so weit wie möglich entfernt. Was noch zwischen den Wurzeln haftet, kann mit der Spitze eines Holzspießchens, mehrmals in Richtung Wurzelende gezogen, entfernt werden. Zwischendurch wird die Wurzel immer wieder in ein Gefäß mit Wasser getaucht, um die Fasern zu lockern.

Die Pflanzpinzette
Als das Aquascaping noch nicht ‚erfunden' war, wurde mit der Hand bepflanzt und meist größere Pflanzen verwendet. Mit den filigranen Vordergrundpflanzen und Bodendeckern im Aquascaping funktioniert dies besser mit einer Pinzette. Auch müssen Sie oft in kleinere Ritzen zwischen Steinen oder Hölzern vordringen. Eine gute Pflanzpinzette erleichtert die Arbeit wesentlich, auch später bei der Pflanzenpflege.

Das Einpflanzen
Der Abstand der Pflanzlöcher sollte immer so groß sein, dass sich die Blätter der Pflanzen ungestört entfalten können. Die Pflanze darf nicht gequetscht werden. Die Pflanzenwurzel oder der unterste Teil des Sprosses müssen von der Pinzette so umfasst werden, dass während die Pinzette sich in den Boden schiebt, die Pflanzenwurzel innen geschützt ist. Setzen Sie etwas tiefer als nötig, denn die Pflanze kommt beim Loslassen von selbst wieder etwas nach oben. Damit sie nicht gleich komplett wieder herauskommt, schüttelt und dreht man die Pinzette leicht beim Herausziehen.

Das Bepflanzen 91

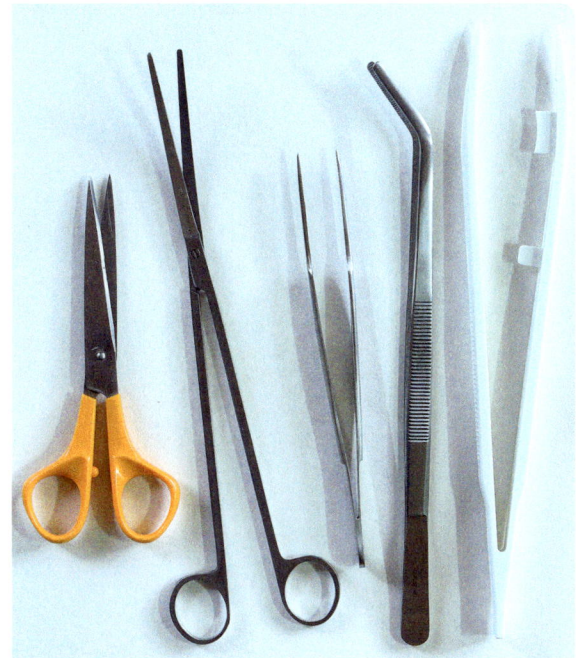

Grundausstattung für Bepflanzung und Pflege: eine scharfe Haushaltsschere, eine lange, möglichst vorne gebogene Aquascaping-Schere und verschieden große, spezielle Aquascaping-Pinzetten.

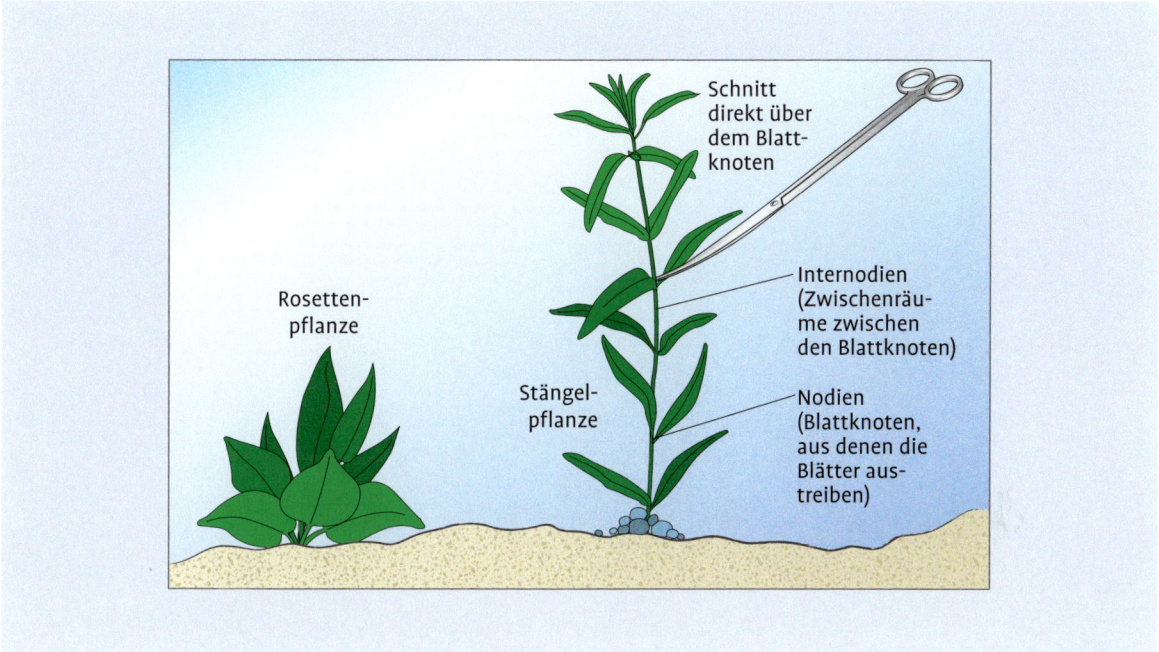

Wachstumsformen: Rosettenpflanzen, Stängelpflanzen.

Mit einem kleinen Holzspieß in der anderen Hand kann man dabei auch die Pflanze fixieren.

Größere Rosetten- und Solitärpflanzen werden einzeln eingesetzt. Setzt man sie zu zweit, lassen sich manche größeren Pflanzen, etwa Echinodoren, zu vermehrter Ausläuferbildung und vermindertem Höhenwachstum anregen. Darauf wird meist eher Wert gelegt als auf einen großen, hohen Einzelbusch.

Bewährt hat sich bei Rosettenpflanzen, ältere, äußere Blätter vor dem Einpflanzen zu entfernen. Sie treiben dann schneller neu aus und es wird der Veralgung der älteren Blätter vorgebeugt. Rosettenpflanzen werden so tief eingesetzt, dass

Gut zu wissen

Anubias-Arten und Farne sollten überhaupt nicht in den Bodengrund. Sie wachsen besser, wenn sie auf Wurzeln oder poröse Steine gebunden werden.

der Wurzelhals noch nicht völlig vom Bodengrund bedeckt ist.

Stängelpflanzen werden meist einzeln gesetzt, sehr zarte Arten auch zu zweit oder dritt in ein Pflanzloch. Bei ihnen sollten mindestens zwei Nodien, aus denen die Blätter wachsen, im Bodengrund stecken. Dies erleichtert Wurzelbildung und Verankerung. Die unteren größeren Blätter werden vorher entfernt.

Sehr feinfiedrige Pflanzen wie *Cabomba*, *Myriophyllum*, *Limnophila*, *Egeria* und andere werden etwa 5 cm tief eingepflanzt. Bei diesen Gattungen

Die Pflanze wird vorsichtig mit der Pinzette erfasst und in den Bodengrund gedrückt.

Hervorragend für die Bepflanzung und rasches Anwachsen eignen sich Pads und Gitter, wie hier von *Lilaeopsis*.

können die unteren Blätter kaum entfernt werden, weil der Stiel dort sonst bricht.

Nach dem Pflanzen
Achten Sie darauf, dass die unteren Blätter der neu gesetzten Stängelpflanzen nicht abfaulen. Geschieht dies dennoch, stehen sie entweder zu dicht, beschatten sich, werden von anderen Pflanzen beschattet, ist das Licht generell zu schwach oder sie leiden unter Nährstoffmängeln.

Bei kleinen Bodendeckern wie Glosso, *Hemianthus callitrichoides* cuba, *Eleocharis* oder *Lilaeopsis* wird der Inhalt des Topfs in 5 bis 6 Teile zerlegt und diese mit etwas Abstand voneinander eingepflanzt. Sie müssen stabil im Bodengrund verankert sein, damit sie nicht wieder aufschwimmen. Sehr dicht stehende Pflanzen, etwa *Lilaeopsis*, können in kleineren Grüppchen, ebenfalls mit etwas Abstand dazwischen eingepflanzt werden.

Manche Aquarienbewohner graben die neuen Pflänzchen gern gleich wieder aus, solange sie noch nicht richtig verwurzelt sind. Sie werden daher eher tiefer gesetzt.

Fertig vorbereitete Pflanzen
Sehr praktisch sind Pads oder Gitter mit fest verwurzelten Pflanzen, die neuerdings mit den Arten *Hemianthus callitrichoides* cuba, *Eleocharis acicularis*, *Lilaeopsis* und anderen erhältlich sind. Das Trägermaterial kann laut Hersteller mit ins Wasser.

Exzellent ist auch die neue, von AquaDesign Amano (ADA) angewandte Wabi-Kusa-Methode – Pflanzen in einer Art ‚Erdknödel', in dem sie Wurzeln entwickeln. Sie kommen mit diesem Substrat in den Handel und werden einfach komplett, bestens verwurzelt ins Aquascape gesetzt. Sie können sofort weiterwachsen.

Pflege des Pflanzenbestandes
Gegenüber Rosettenpflanzen und Bodendeckern ist der Pflegeaufwand für die verschiedenen Stängelpflanzenarten größer. Sie müssen bei Errei-

chen des Wasserspiegels oder etwas später eingekürzt werden. Ausgerechnet dann, vor allem wenn sie noch einige Zentimeter an der Wasseroberfläche fluten dürfen, sind sie am schönsten. Die meisten können in weitgehend beliebiger Höhe abgeschnitten werden.

> **Gut zu wissen**
>
> Sollen die Sprossspitzen als Kopfstecklinge eingepflanzt werden, sollten sie mindestens 10 bis 15 cm lang sein. Dann wachsen sie zügig weiter und es ist immer der schönste Teil der Pflanze zu sehen. Etwas problematisch kann es sein, wenn beim Stecken, abhängig vom Material, Bodengrund aufgewirbelt wird und sich auf Pflanzenblätter legt.

Bei umfangreichen Rückschnitten verringert sich der Nährstoffbedarf, bis die Pflanzen wieder neu ausgetrieben haben. Düngen Sie ruhig eine Zeitlang Makro- und Mikronährstoffe sparsamer, aber alles im gleichen Verhältnis zueinander.

Rosettenpflanzen

Sie wachsen mittig aus einem Rhizom (Wurzelstock), der Spross streckt sich nicht. Stehen sie aber zu dicht, dann neigen sie zu unerwünschtem Höhenwachstum. Es brauchen nur äußere, ältere Blätter entfernt zu werden. Mit der Zeit werden die Blätter kleiner nachwachsen. Man formt sozusagen einen ‚Unterwasser-Bonsai'.

Ausläufer vor allem der kleineren Arten von Rosettenpflanzen sind zumindest in der Anfangsphase sehr erwünscht. Später können sie zu stark wuchern und an den unmöglichsten Stellen auftauchen. Dort wachsen die Pflanzen dann manchmal in ‚Etagen'. Nur rechtzeitiges Ausdünnen verhilft jeder Pflanze wieder zu Licht und Nährstoffen von allen Seiten.

Moose

Als Zeichen ihres Wachstums haben gesunde, gut wüchsige Moose stets eine hellgrüne Triebspitze. Manche wuchern bei günstigen Bedingungen stark. Sie sollten ausgelichtet werden, sonst bilden sich nahe dem Bodengrund, wo kein Licht mehr hinkommt, braune Stellen. Die meisten Moose, außer etwa *Riccia*, können mit Starklicht wenig anfangen und neigen dann zu Grünalgenbewuchs.

Stängelpflanzen

Sie werden so dicht wie möglich über einem Nodium abgeschnitten. An der Schnittstelle entwickeln sich ein oder zwei Neuaustriebe, je nach Pflanzenart.

Viele Aquascaper schneiden ihre Stängelpflanzen über dem 3. oder 4. Nodium. Um einen ganz gleichmäßigen Wuchs einer größeren Gruppe zu erreichen, kann auch höher und öfter abgeschnitten, die Stängelpflanzen wie eine Hecke getrimmt werden.

Schneidet man ganz unten, etwa über dem ersten Nodium über dem Boden immer wieder ab, erreicht man einen gedrungeren Wuchs. Nicht alle Arten machen dies mit. Zur schnellen Vermehrung können bei einigen Arten mit deutlich sichtbarem Blattknoten die Stängel flach auf den Boden gelegt und mit ein paar kleinen Steinen beschwert werden. Aus jedem Blattknoten wächst dann ein neuer Austrieb.

Beim Trimmen und Zurückschneiden der Pflanzen ist die lange, vorn gebogene Schere sehr hilfreich (siehe Seite 91). Man kann damit sauberer arbeiten und kommt viel besser an schlecht zugängliche Stellen.

> **Gut zu wissen**
>
> Achten Sie auf die Endgröße, wenn Sie Rosettenpflanzen auswählen, unter günstigen Bedingungen können sich einige Arten zu riesigen Exemplaren auswachsen.

Graspflanzen

Wie wird der Rückschnitt bei Gräsern durchgeführt? *Eleocharis*, *Lilaeopsis*, *Helanthium tenellum* dürfen lichtexponiert stehen, damit sie nicht zu hoch werden. Sind sie doch zu hoch geworden, hat sich eines nicht bewährt: sie auf halber Höhe abzuschneiden! Die Pflanzen kümmern, verfärben sich, werden algenanfällig und sterben ab. Besser ist ein radikaler Rückschnitt bis auf etwa 1 cm Höhe. Die Pflanzen treiben dann deutlich besser neu aus.

Bodendecker

Auch Glosso und *Hemianthus callitrichoides* cuba werden am besten unter guten Lichtverhältnissen gehalten, damit sie schön am Boden entlang wachsen. Ausgedünnt werden sie ebenfalls dicht über dem Boden.

Vallisnerien und Sagittarien

Beide Gattungen lassen sich, wenn sie zu lang sind und so sehr fluten, dass sie viel Licht wegnehmen, auf Höhe der Wasseroberfläche zurückschneiden. Sie werden dann aber an den Schnittstellen gern braun und veralgen. Alternativ schneidet man die älteren, zu langen Blätter einzeln, ganz dicht über dem Wurzelansatz ab.

Die Hauptnährstoffe der Aquarienpflanzen

Alle Pflanzen bestehen in ihrer Grundsubstanz aus einer Anzahl an natürlichen Elementen, die in verschiedenen Verbindungen vom Stoffwechsel aufgenommen und umgebaut werden. Für Wachstum und Vermehrung braucht die Pflanze von jedem Element eine Mindestkonzentration. Sonst entsteht ein Mangel und das Wachstum stagniert (Minimumgesetz nach Sprengel/Liebig, siehe Seite 106). Die Mindestkonzentrationen variieren nach Pflanzengattungen und -arten. Für eine gewisse Versorgungssicherheit sind Pflanzen in der Lage, einzelne Stoffe weit über ihren momentanen Bedarf einlagern.

Wasserpflanzen nehmen die Nährstoffe über Wurzel und Blätter auf. Um für die Pflanze verfügbar zu sein, müssen die Nährstoffe in mineralisierter Form vorliegen, als Ionen, also kleinste, elektrisch geladene Teilchen von in Wasser gelösten Salzen. Organische Stoffe dagegen müssen, um von Pflanzen verwertet werden zu können, zuerst vollständig abgebaut – mineralisiert – werden. Dies wird in der Natur hauptsächlich durch Bakterien und Pilze erledigt.

Die nichtmineralischen Stoffe

Wasserstoff H

Wasserstoff geht mit sehr vielen Stoffen Verbindungen ein, die bekannteste mit Sauerstoff, unser Wasser H_2O. Wasser ist wichtig für Landpflanzen, bei Aquarienpflanzen sollte Wassermangel nicht auftreten.

Sauerstoff O

Sauerstoff (griech. Oxygenium) verbindet sich leicht mit anderen Stoffen, eine Reaktion, die als

> **Tipp**
>
> **Die wichtigsten Pflanzennährstoffe (für Land- und Wasserpflanzen)**
>
> **Makronährstoffe:**
> - die drei nichtmineralischen Stoffe: Wasserstoff (H), Sauerstoff (O), Kohlenstoff (C)
> - die drei primären mineralischen Elemente (Salze): Stickstoff (N), Phosphor (P), Kalium (K)
> - die drei sekundären mineralischen Elemente (Salze): Calcium (Ca), Magnesium (Mg), Schwefel (S)
>
> Stickstoff, Phosphor und Kalium werden auch als Kern-Nährelemente bezeichnet. Ihr Verhältnis zueinander, das bekannte NPK-Verhältnis, gilt für die Pflege unserer Aquarienpflanzen als sehr wichtig.
>
> Ist es sehr ungünstig, werden verschiedene Algenarten wachsen. Das optimale NPK-Verhältnis der einzelnen Wasserpflanzenarten ist leicht unterschiedlich und entspricht auch nicht ganz dem von Landpflanzen.
>
> **Mikronährstoffe:**
> Eisen (Fe), Mangan (Mn), Kupfer (Cu), Zink (Zn), Bor (B), Chlorid (Cl), Jod (J), Kobalt (Co), Molybdän (Mo), Nickel (Ni), Selen (Se), Silizium (Si), Strontium (Sr), Vanadium (V) und weitere.

Oxidation bekannt ist. Die entstehenden Verbindungen heißen Oxide. Luft besteht zu 78 % aus Stickstoff und zu 21 % aus Sauerstoff. Die Sauerstoffverbindung Kohlendioxid CO_2 ist mit etwa 0,038 % vertreten, der Rest sind hauptsächlich Edelgase.

Der für das Pflanzenwachstum im Aquarium nötige Sauerstoff liegt im Wasser gelöst vor. Durch die Photosynthese (Assimilation) erzeugt die Pflanze bei zuträglichen Bedingungen deutlich mehr Sauerstoff aus den Nährstoffen, als sie selbst verbraucht.

Der Sauerstoffwert des Wassers ist in der Lichtphase, nachmittags und abends, am höchsten, in der Nacht sinkt er ab. Aquarienpflanzen assimilieren bei Licht ständig, sichtbar durch die Bildung kleiner Sauerstoffbläschen, wenn das Wasser die Sättigungs- beziehungsweise Gleichgewichtsgrenze für Sauerstoff überschritten hat. Auch kleinste Verletzungen der Pflanze bewirken, dass Sauerstoffbläschen aus dem Pflanzengewebe entweichen.

Der Sauerstoffgehalt in der Wassersäule sollte nicht zu niedrig sein. Im Aquascape sorgen die Pflanzen für seine Erhöhung, im Bodengrund dagegen sollten kleinere Areale sauerstofffrei sein, um die Reduktionen von Spurenelementen zu er-

> **Gut zu wissen**
>
> Im Pflanzenaquarium kann es in seltenen Fällen nachts, wenn die Pflanzen keine Photosynthese betreiben, vorkommen, dass der Sauerstoffgehalt bedenklich sinkt. Eine verstärkte Filterströmung bringt in dem Fall Abhilfe.

möglichen. Dort sollten auch Pflanzenwurzeln heranreichen können.

Hohe Sauerstoff- und Kohlendioxidgehalte können im Wasser zugleich vorkommen. Es wird vermutet, dass eine Stagnation des Pflanzenwuchses auch durch einen Mangel an gelöstem Sauerstoff im Wasser entstehen kann. In der Aquaristik wird der Sauerstoffwert kaum gemessen.

Kohlendioxid CO_2

Kohlen(stoff)dioxid ist ein farbloses Gas, etwa 1,5 mal schwerer als Luft und löst sich 50 mal besser im Wasser als Sauerstoff. Es kommt in Wasser gelöst, als freies, überschüssiges CO_2 vor oder gebunden in Salzen, den Karbonaten. Sie sind für die Karbonathärte (KH) des Wassers verantwortlich.

CO_2 ist neben Wasser der Hauptnährstoff der höheren Pflanzen. Ihre Trockenmasse besteht zu etwa 42 % aus Kohlenstoff. Sie entnehmen dem CO_2 in der Photosynthese den Kohlenstoff C und bauen damit ihre Grundsubstanz auf. Ein Nebenprodukt der Photosynthese ist Sauerstoff O_2, das Lebenselixier für viele Organismen.

Landpflanzen-Wasserpflanzen

Für Pflanzen an Land ist es kein Problem, an diesen Grundnährstoff zu gelangen. Im Süßwasser – die Meere sind gigantische CO_2-Produzenten und Speicher – sieht es anders aus. Für vollständig untergetauchte Pflanzen ist CO_2 oft der begrenzende Wachstumsfaktor. In Süßgewässern sind die Schwankungen hoch, in stehenden Gewässern mit dichter Vegetation ist das CO_2 durch die Photosynthese oft nachmittags schon aufgebraucht.

Bestände von Wasserpflanzen können sämtliches CO_2 entnehmen und dadurch den pH-Wert in den basischen Bereich treiben. CO_2 liegt dann nur noch gebunden vor als Hydrogencarbonat (Bikarbonat)-Ion HCO_3, einem Faktor der Karbonathärte. In weichem Wasser sind Schwankungen der Karbonathärte (KH) und des pH-Wertes deutlicher, der erhöhte CO_2-Gehalt in der Karbonathärte bei steigenden KH-Werten wirkt als Puffer.

Biogene Entkalkung

Hydrogencarbonat wird von manchen Wasserpflanzen genutzt, dabei entsteht Kalk (Calciumcarbonat $CaCo_3$). Diese Fähigkeit, auch als ‚biogene Entkalkung' bekannt, ist bei Pflanzen in alkalischen (basischen) Gewässern eher vorhanden, Beispiel *Egeria densa*, die Wasserpest. Der Kalk lagert sich bei ihr als weißgrauer Belag auf den Blattunterseiten ab. Auch einige *Myriophyllum*-Arten, *Hydrilla* und Vallisnerien können Karbonathärte nutzen. Pflanzen aus Weichwassergewässern, Sumpfpflanzen und Moose dagegen sind nicht oder nur unter hohem Energieaufwand zur biogenen Entkalkung fähig.

Zum Licht wachsen

Eine Strategie der Unterwasserpflanzen, an Kohlendioxid zu kommen, ist das Erreichen der Wasseroberfläche und, je nach Pflanzenart, auch die Bildung von Überwasserblättern, um den Nährstoff direkt aus der Luft zu entnehmen. Hinzu kommt der Lichtvorteil: Überwasserblätter vertragen weit höhere Lichtstärken als untergetauchte. Auch entwickeln sich die oberen Sprosse von Stängelpflanzen, wenn sie die Wasseroberfläche

Entwicklung von zwei identischen Pflanzenbeständen bei gleichen Bedingungen nach einem Monat:
Links ohne CO_2 mit deutlich langsamerem Wachstum. Die *Nesaea pedicellata* im Hintergrund wuchs auch ohne zusätzliches CO_2 erstaunlich gut. Mit CO_2 im Becken rechts musste sie zurückgeschnitten werden und wuchs insgesamt kräftiger und buschiger. Das Gleiche gilt für *Hygrophila polysperma*. *Riccia* wuchs mit CO_2 dichter.

Alle Pflanzen bekamen mit CO_2 mehr Volumen. Vor allem der große Busch *Hemianthus glomeratus* (wird generell noch unter seinem alten Namen *Micranthemum umbrosum* gehandelt) entwickelte fast dreimal soviel Blattmasse. Nur das Javamoos *Taxiphyllum barbieri* zeigte in beiden Becken gleiches Wachstum.

Die nichtmineralischen Stoffe   97

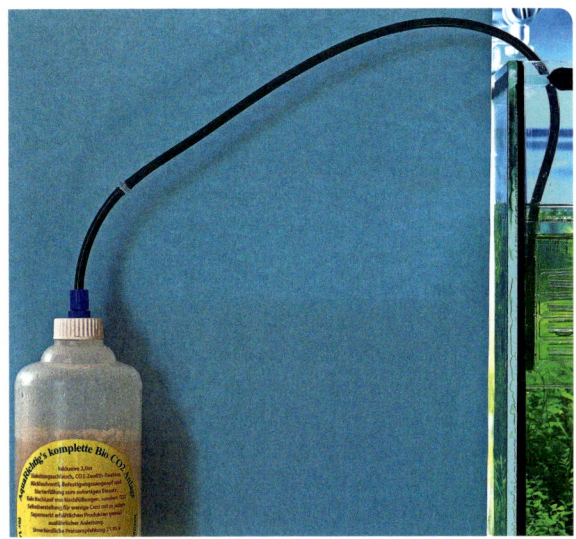

CO_2 aus der Hefegärung wird hier über einen Flipper ins Aquarium eingeleitet.

gibt keine umfangreichen Schlamm- und Detritusvorkommen.

Im Aquascaping werden große Pflanzenbestände angestrebt und es spricht viel für eine zusätzliche CO_2-Düngung. Tatsächlich ist sie dort Standard. Das Wasser kann per Druckgasflasche oder mit einer Bio-CO_2-Anlage angereichert werden. Das Gas ist dasselbe, ‚Bio' bezieht sich auf die Herstellung mit Hefe.

- Vorteile der Bio-CO_2-Gärmethode: günstiger Anschaffungspreis, niedrige Folgekosten.
- Nachteile: das Ansetzen der Gärflüssigkeit erfordert Zeit, die CO_2-Bildung verläuft unregelmäßig.

In den ersten Tagen ist die Produktion sehr hoch, nach einer Woche merklich niedriger, nach 14 Tagen äußerst schwach und nach 3 Wochen zu ersetzen. Gelzusätze wie etwa Tortenguss verlängern die Produktionsphase, verringern aber die Leistung stark.

Bio-CO_2 herstellen

Die Hefegärung lässt man meist in einer Plastikflasche mit einem abschraubbaren Deckel und Spezial-CO_2-Schlauch ablaufen:

- 300 g Zucker, versetzt mit etwa 2,25 g Trocken-

Gut zu wissen

Der Bio-CO_2-Behälter sollte nicht über der Wasseroberfläche angebracht werden, vor Umkippen geschützt sein und nicht auf dem Lichtkasten des Aquariums stehen, denn Wärme verstärkt die Gärung. Steht er tiefer als das Aquarium, ist ein Rücklaufventil erforderlich.

Eine 500 g-Druckgasflasche ist leicht zu bedienen, zuverlässig und gut für die CO_2-Versorgung der Pflanzen in kleinen und mittleren Becken geeignet. Bei der abgebildeten Einwegflasche lässt sich die Ausstoßmenge bequem stufenlos einstellen.

hefe kommen in 0,68 l Wasser von 25 bis 28 °C. Das Ganze wird geschüttelt.

- Die Hefe beginnt zu gären und entwickelt innerhalb von 2 bis 3 Stunden CO_2-Gasbläschen und Alkohol. Über einen Schlauch wird das CO_2-Gas ins Aquarium geleitet.

Zwischen Gärflasche und Aquarium kann eine halb mit Wasser gefüllte Waschflasche geschaltet werden, die beim Überschäumen der Gärflasche verhindert, dass Gärflüssigeit ins Aquarium gelangt. 2 bis 3 Tropfen Speiseöl, ganz am Schluss auf die Mischung geträufelt, wirken ebenfalls ge-

erreicht haben, oft besonders schön weiter. In diesem Fall kann bei guter CO_2-Versorgung die Nährstoffkonzentration im Aquarium sogar etwas abgesenkt werden. Natürlich darf kein Nährstoff gegen Null gehen. Umgekehrt lassen sich Lichtdefizite in gewissem Rahmen durch erhöhte CO_2-Zufuhr ausgleichen.

CO_2 im Aquarium

Jede organische Substanz enthält gebundenes Kohlendioxid, durch Abbauvorgänge wird es freigesetzt. Einige Wasserpflanzen können das CO_2 des Sediments direkt mit den Wurzeln aufnehmen. Im Aquarium kommt als Kohlenstoffquelle das Fischfutter hinzu. Hier ist die CO_2-Bildung aus organischer Substanz allerdings eingeschränkt, es gen das Überschäumen. Ist die Hefe überaltert, gärt sie nicht mehr. Bei käuflichen Mischungen kann dies vorkommen.

Druckgasflasche
CO_2 aus der Flasche ist deutlich komfortabler. Über einen Druckminderer, der von 60 bar auf 1 bis 2 bar reduziert, Spezialschlauch und Rücklaufventile gelangt das Gas ins Aquarium. Die exakte Dosierung übernimmt ein Nadelventil. Die Flaschen gibt es in verschiedenen Größen. Für ein kleines, auch Nano-, bis mittleres Aquarium reicht eine 500 g-, bei größeren eine 2 kg-Flasche. Die winzigen 80 g-Patronen sind teuer und unwirtschaftlich.

> **Wichtig**
> CO_2-Druckgasflaschen nur aufrecht anbringen. Nicht liegend transportieren und beim Transport fixieren.

CO_2 nachts abschalten?
Nachts verbrauchen die Pflanzen kein CO_2, warum dann welches zuführen? Tatsächlich hängt dies vom CO_2-Level im Becken ab. Weist das Wasser 15 mg/l oder weniger auf, beim CO_2-Dauertest etwa die Farbe dunkelgrün, und ist die Zufuhr gering, kann die Versorgung nachts durchlaufen. So bleibt der pH-Wert gleichmäßig niedrig. Ist der Wert im Becken recht hoch – hellgrün im Dauertest – und die Zufuhr hoch, dann könnten nachts zu hohe CO_2-Konzentrationen entstehen. Es sollte abends abgeschaltet werden.

Bio-CO_2 wird man tendenziell eher durchlaufen lassen (Vorsicht in den ersten 2 Tagen nach Neu-

> **Gut zu wissen**
> Wer CO_2 bedarfsgerechter geben will, kann die Zufuhr morgens 1 bis 2 Stunden vor Beleuchtungsbeginn ein- und 1 bis 2 Stunden vor Beleuchtungsende abends wieder ausschalten.

ansatz) und Druckgas eher abschalten, was auch CO_2 spart. Sehr fraglich ist, ob Werte über 30 mg/l CO_2 im Wasser immer sinnvoll sind. Dann muss nachts abgeschaltet werden!

Flipper, Diffusoren, Reaktoren, Atomizer
Zur Verteilung des Kohlendioxids im Wasser ist ein Eingabegerät nötig. Das Einfachste ist ein feiner Ausströmerstein aus Lindenholz oder Keramik. Die CO_2-Bläschen steigen auf, werden zum Teil von Pflanzen aufgenommen, das meiste aber landet über dem Wasserspiegel. Effektiver wird es, wenn die Bläschen in einer Paffrathschale (Prinzip des umgekehrten Bechers, unten offen) aufgefangen werden und von dort leicht ins Wasser diffundieren können.

Besser ist der CO_2-Flipper, eine teiloffene Konstruktion aus durchsichtigem Kunststoff, in der die einzelnen Blasen durch leicht schräg stehende, übereinander gereihte Querstege einen sehr langen Weg im Wasser zurücklegen müssen. Dabei wird das CO_2 im Wasser gelöst, die Blasen werden kleiner, bis sie oben in einer Paffrathschale landen. Schnecken kriechen herein und heraus und man kann den Flipper ab und zu herausnehmen und reinigen.

Der Flipper sollte möglichst kurz vor dem Filterauslauf stehen, damit das CO_2 gut im Becken ver-

> **Gut zu wissen**
> Der Flipper ist zum Beobachten und Lernen sehr schön. Man kann jede einzelne Blase sehen und zählen. An der Abnahme der Größe während des Aufsteigens lässt sich der Grad der CO_2-Sättigung des Wassers gut erkennen.

teilt wird. Nehmen Sie der Effizienz wegen auch für Nanobecken nur Flipper mit Paffrathschale.

Es sind zahlreiche andere Geräte im Handel. Für größere Becken sind solche geeignet, bei denen CO_2 direkt über den Auslauf des Filters eingewaschen wird. Viele der Profiversionen funktionieren aber nur mit Druckgas.

Damit CO_2 und andere Nährstoffe die Pflanzen erreichen, ist eine ständige, leichte Wasserströmung nötig. Ist sie zu stark oder werden am Filterauslauf Düsenrohre oder Ähnliches benutzt, wird ein Teil des CO_2 gleich wieder aus dem Wasser getrieben. Auch ein sprudelnder Luftausströmerstein kann diese Wirkung haben, ihn wird aber, zumindest tagsüber, kaum ein Pflanzenaquarianer einsetzen.

Soll der CO_2-Wert gemessen werden?
Tröpfchentests können am Anfang sowie zwischendurch zur Kontrolle des Dauertests (Permanentmessung) eingesetzt werden. Ein guter Dauertest ist bei einer CO_2-Anlage allerdings Pflicht. Nehmen Sie einen, in den das CO_2 des Aquariums über eine ‚Luftkammer' in die reine Testflüssigkeit hinein diffundiert. Die älteren, bei denen die Testflüssigkeit mit Aquarienwasser vermischt wird, zeigen je nach Säuren und Hu-

minstoffen im Becken abweichende Werte an, sie messen eigentlich nicht den CO_2-, sondern den pH-Wert.

Tabellen, aus denen der CO_2-Gehalt aus Karbonathärte und pH-Wert errechnet werden, sind viel zu ungenau für die aquaristische Praxis, sie geben nur grobe Orientierung und veranschaulichen die Zusammenhänge.

> **Gut zu wissen**
>
> Kohlendioxid CO_2 ist nicht identisch mit Kohlensäure H_2CO_3. Vom dem ins Wasser eingebrachten CO_2 wandelt sich nur etwa 1 % in Kohlensäure um, nur diese senkt den pH-Wert des Wassers.

Ein Aquascape ohne zusätzliches CO_2, geht das?
Wenn die Pflanzenauswahl strikt den Bedürfnissen angepasst wird, funktioniert es als Schwachlichtversion (siehe Seite 66) mit etwa 0,3 Watt/l Beckeninhalt. Anubien, Farne und Moose wären hierbei ideal, aber auch einige andere Pflanzen eignen sich dazu.

Das CO_2 kommt dann indirekt aus der Verrottung organischer Substanz. Es dürfen also etwas mehr Fische, Zwerggarnelen und Schnecken ins Becken. Auch sollte eine Mikrolebewelt gepflegt werden, die organische Feststoffe effektiv abbaut, um das darin enthaltene CO_2 freizusetzen.

Diverse Mikrobenkulturen zuzugeben ist hier besonders sinnvoll, um ein stabiles biologisches Gleichgewicht zu fördern.

Dicht bewachsen und algenfrei bei ausgewogener, das heißt magerer Düngung.

Die primären mineralischen Elemente

Stickstoff N
Er ist der Makronährstoff, der nach CO_2 mengenmäßig von der Pflanze am meisten, und zwar zum Aufbau von Eiweiß, gebraucht wird. Bakterien wandeln aus organischen Substanzen im Nitrifikationsprozess (siehe Seite 81) Stickstoff in verschiedene anorganische Stoffe um: Nitrit, Nitrat, Ammoniumionen sowie Ammoniakgas. Pflanzen können jeden davon nutzen.

Untersuchungen zur Frage, welche Stickstoffform von der Pflanze bevorzugt wird, gibt es, allerdings wurden die meisten davon an Landpflanzen durchgeführt. Vieles weist darauf hin, dass Wasserpflanzen Ammonium schneller aufnehmen als Nitrat. Nitrat ist nur in sehr hohen Kumulationen gefährlich. Liegt beides vor, wird Ammonium bevorzugt. Es dürfte im Sinne der Natur sein, dass es dem Nährstoffkreislauf schneller entzogen wird, weil es sich bei steigendem pH-Wert zunehmend in das fischgiftige Ammoniak umwandelt. Besonders Pflanzen aus eutrophen (belasteten) Gewässern nehmen bevorzugt Ammonium auf.

Sollte daher mit Ammonium gedüngt werden? Ganz klar: nein. Wegen der potenziellen Gefährlichkeit und der Grünalgengefahr sollten Urea (Harnstoff, Ammoniumvorstufe) oder Ammonium nur in sehr kleinen Dosierungen gegeben werden. Dies trifft besonders auf Aquarien zu, in denen auch Zwerggarnelen gehalten werden.

Pflanzen können mit Nitrat auskommen und sehr gut wachsen. Wenn das Becken mit Tieren besetzt ist, fällt sowieso stets etwas Ammonium an.

Tipp

Welche Stickstoffverbindungen sollten im Aquascape gemessen werden?

NH3/NH4 gibt es nur als gemeinsamen Test. Ist der pH-Wert bekannt, kann auf den NH_3-Anteil geschlossen werden. Der Test ist hilfreich bei Soil-Böden, die in der Anfangszeit sehr viel Ammonium abgeben.
NO2 ist Anfängern zu empfehlen, um Nitritspitzen in der Einlaufphase zu erkennen und zu vermeiden.
NO$_3$ gehört im Pflanzenbecken zur Grundausstattung, es sollte im Rahmen eines Düngesystems anfangs öfters, später ab und zu gemessen werden.

Polygonum spec. Sao Paulo braucht gute Beleuchtung, nährstoffreiches Wasser mit höheren Phosphatwerten und viel CO_2.

Phosphor P

Er ist ein sehr reaktionsfreudiges Element und Energieträger in biologischen Umwandlungsprozessen. Im Aquarium wird er von Bakterien aus organischen Verbindungen in lösliches Phosphat PO_4 umgewandelt. Auftauwasser von Frostfutter enthält sehr hohe Phosphatkonzentrationen und Pflanzen können PO_4 erheblich anreichern. Anorganisches Phosphat kommt in verschiedenen Wertigkeiten/Oxidationsstufen vor. Entscheidend für die Pflanzenverfügbarkeit ist die Löslichkeit unter den jeweiligen Bedingungen. Im Aquarium ist der Phosphatwert wichtig. Als Grundkomponente der Düngung sollte er anfangs regelmäßig, später sporadisch gemessen werden.

Kalium K

Die Bedeutung dieses Makronährstoffs im Aquarium wurde lange nicht erkannt, bezahlbare Tests außerhalb des Laborbereichs waren nicht verfügbar. Als seine Relevanz klar war, folgten sogar zu reichliche Gaben. In NPK-Aquariendüngern ist K enthalten wie auch in den meisten Eisen-Volldüngern. Zu viel Kalium im Wasser kann zu Grünalgen führen.

Kalium und Calcium sind Gegenspieler und müssen in einem ausgeglichenen Verhältnis vorliegen. Da weiches Wasser weniger Calcium enthält, darf auch die Kaliumkonzentration nicht zu hoch sein. Pflanzen können Kalium in großen Mengen anreichern.

Als eigentlich einem der wichtigeren sind Kalium-Tests kaum zu bekommen. Macherey & Nagel bietet einen an, der gut sein soll, aber teuer ist. Außerdem kann ein Kaliumtest bei *wasserpantscher.at* bestellt werden, der ohne Fotometer einigermaßen, mit Fotometer sehr genau abzulesen ist.

Die sekundären mineralischen Elemente

Calcium Ca

Es ist im Leitungswasser in vielen Verbindungen enthalten und Bausubstanz für die verschiedenen Formen des Kalkskeletts. Pflanzen benötigen Ca nur in sehr geringen Mengen.

Magnesium Mg

Es ist im Leitungswasser vorhanden und bildet mit Calciumsalzen die Gesamthärte GH. Im Aquarium soll das Calcium-Magnesium-Verhältnis des Wassers circa 3 : 1 betragen, Abweichungen bis etwa 5 : 1 gelten als tolerierbar. Ca und Mg werden in der Regel nicht einzeln gemessen. Die GH lässt sich wie die KH mit preisgünstigen, haltbaren Tröpfchentests genau messen. Im Leitungswasser kann in seltenen Fällen das Ca-Mg-Verhältnis Anomalien aufweisen. Vollentsalztes Wasser sollte nach der Aufhärtung mindestens 5 bis 10 mg/l Magnesium enthalten.

Schwefel S
Er ist im Leitungswasser meist als Sulfat enthalten, eine weitere Quelle ist das Fischfutter. Schwefel wird vom Stoffwechsel zum Aufbau einiger Eiweißbestandteile gebraucht. In vielen Düngern ist er in kleinen Mengen enthalten. Eine Messung im Aquarium ist nicht üblich.

Mikronährstoffe – Spurenelemente

Eisen Fe
Eisen ist das wichtigste Spurenelement für Aquarienpflanzen, auch das reaktionsfreudigste. Man unterscheidet bei den im Wasser gelösten Eisensalzen hauptsächlich zwischen der zweiwertigen Form oder Fe(II) und der dreiwertigen Fe(III). Direkt von der Pflanze aufgenommen und als Nährstoff verwendet werden kann das Fe(II), mit höherem Energieaufwand auch das Fe(III). Beide

> **Gut zu wissen**
>
> Nicht chelatiertes Eisen fällt im Aquarium sofort aus. Mit Phosphat, Karbonat und vielen Spurenelementen kann es unlösliche Verbindungen eingehen. Eisen sollte daher stets sehr sparsam gedüngt werden. Schwach chelatierte Dünger sind eher Tagesdünger, das Eisen ist recht schnell verfügbar. Stärker chelatierte können auf Vorrat gedüngt werden, die Freisetzung erfolgt langsam.

Ionen sind nur im stark sauren Milieu in Lösung, bei pH 5 sind sie bereits ausgefällt. Man kann also davon ausgehen, dass im Aquarium kein freies Eisen vorhanden ist.

Um die Ausfällung zu verhindern, werden Eisendünger chelatiert, das Eisen also mit Substanzen wie Zitronensäure oder EDTA verbunden, die es wasserlöslich halten. Je nachdem, wie stark diese Substanzen die Eisenionen stabilisieren, spricht man von schwächerer oder stärkerer Chelatierung. In natürlichen Gewässern gibt es Chelatoren, die Ausfällungen verhindern, vor allem Humin- und Fulvosäuren.

Eisen wird oft überdüngt. Kahmhaut auf der Wasseroberfläche, Pinsel- und braune bis schwarze Bartalgen können auf zu hohe Eisenwerte hinweisen. 0,02 mg Eisen/l Wasser genügen für die meisten Aquarienpflanzen, oft wird 0,1 mg/l empfohlen. Eisen- und Eisenvolldünger brauchen deshalb in der Regel nur mit ⅓ oder ½

Monosolenium tenerum (links) und *Lomariopsis cf. lineata* (rechts). *Lomariopsis*, der unter dem Namen Süßwassertang gehandelt wird, aber der Vorkeim eines Farns ist, unterscheidet sich durch seine transparenteren und weniger brüchigen Thalli (wurzellose Gewebestrukturen) vom Breitblättrigen Lebermoos. Beide sind sehr anpassungsfähig bezüglich der Wasserwerte, lieben aber öfteren Teilwasserwechsel.

der angegebenen Dosis gegeben werden. Man kann sehr niedrig anfangen und wenn sich leichte Mängel (Eisenchlorosen) zeigen, die Gabe leicht erhöhen.

Im stark gefilterten Aquarium verschwinden ausgefällte Eisenverbindungen zum großen Teil im Filter, im gering gefilterten eher im Bodengrund, wo sie anaerob aufgeschlossen und verwertet werden können.

Kupfer Cu

Kupfer ist ein Spurenelement, das von Lebewesen in allerkleinsten Mengen (Spuren) benötigt wird und in höheren Dosierungen giftig ist. In Eisen-Volldüngern ist Cu in einer auch für die darauf sehr empfindlich reagierenden Zwerggarnelen unbedenklichen Konzentration enthalten. Für sie können aber die Cu-Dosierungen vieler Fischmedikamente und Anti-Algen-Präparate toxisch sein.

> **Gut zu wissen**
>
> Werden Zwerggarnelen gehalten, ist die Anschaffung eines Kupfertests sinnvoll, um das Ausgangswasser zu überprüfen. Andernfalls ist ein guter Wasseraufbereiter unbedingt erforderlich, der immer schon vorher ins frische Wechselwasser gegeben werden sollte.

Andere Spurenelemente

Mangan, Zink, Bor, Chlorid und andere sind in Eisen-Volldüngern enthalten. Es ist sinnvoll, bei diesen Düngern abzuwechseln, weil nicht alle Produkte den gesamten Bereich der Spurenelemente abdecken. Der Erfahrung nach spricht ein Becken mehr auf den einen Dünger an, für eine andere Pflanzengemeinschaft kann sich eine andere Rezeptur besser eignen. Messungen der einzelnen Spurenelemente sind außerhalb des Laborbereichs nicht praktikabel.

Brauchen Aquarienpflanzen überhaupt Dünger?

Wenn Zufuhr und Verbrauch der Nährstoffe in genau gleichem Maß stattfinden, ist keine zusätzliche Pflanzendüngung nötig. Dazu gibt es einige Einschränkungen: Es funktioniert nicht in Starklichtbecken und nicht mit allen Pflanzenarten. Und es gibt einige Voraussetzungen:
- Es dürfen nicht zu wenige Bewohner, die für biologische Düngung sorgen, im Becken sein.
- Es dürfen nicht zu viele pflanzliche Abnehmer sein.
- Es ist eine sehr leistungsfähige Mikrofauna- und -flora zur Verwertung der vielen Feststoffe erforderlich, die bei dieser Art der Nährstoffversorgung anfallen.

Wenn also die N-P-Versorgung gesichert ist, fehlen dann nicht Kalium und Spurenelemente? Es wird kaum ein Leitungswasser geben, das alle weiteren, nötigen Düngestoffe im richtigen Verhältnis über den Wasserwechsel liefern kann. Ab und zu wird man also auch hier nachdüngen müssen.

Jedoch kann ein Pflanzenaquarium im Low-Light-Bereich, das eher langsam wachsende Pflanzen und Moose enthält sowie die richtige Anzahl von Fischen, mit einem absoluten Minimum an Zusatzdüngung auskommen. Mit mehr Licht wird schnell zusätzliche Makrodüngung nötig. Bei Aquascapern ist Zusatzdüngung mit Makro- und Mikronährstoffen Standard.

„Volldünger" in der Aquaristik

Im Gesellschaftsbecken wird sogenannter Volldünger, oft als Eisen-Volldünger bezeichnet, zugegeben. Er enthält Spurenelemente, vorrangig Eisen, oft Kalium und vereinzelt auch Schwefel. Nicht alle Produkte sind deklariert. Nitrat und Phosphat sind generell nicht enthalten, weil davon ausgegangen wird, dass sie im gut besetzten Fischaquarium sowieso reichlich anfallen. So wurde in der Aquaristik früher dieser Dünger als ‚Volldünger' bezeichnet, er enthielt ja alle erforderlichen Stoffe.

Für Pflanzenaquarianer ist dieser Begriff missverständlich. Jetzt fehlen im ‚Volldünger' zwei der wichtigsten Düngestoffe: Nitrat und Phosphat. Beide werden im bepflanzten Becken viel schneller verbraucht, die wenigen Fische liefern nicht genug. Zur allgemeinen Namensverwirrung trägt bei, dass jeder Gartenvolldünger Nitrat und Phosphat enthält.

Es ist für langjährige Aquarianer, die bisher ausschließlich fischdominierte Aquarien gepflegt haben, schon ein gewöhnungsbedürftiger Gedanke, dass ausgerechnet jene Stoffe, die bisher überhaupt nicht beliebt waren, da sie als hauptsächliche Auslöser von Algenplagen galten, jetzt auch noch extra zugeführt werden sollen. Die ersten Aquascaper, die diesem Gedanken in einer Produktserie Ausdruck verliehen, nannten diese ‚Aquarebell', da alte Methoden und Meinungen hinterfragt und erneuert wurden.

Interessante Düngekonzepte für Pflanzenaquarien

Redfield Ratio

Das Redfield-Verhältnis resultiert aus Untersuchungen mit Meeresplankton: Welche Anteile an Nährstoffen wies Phytoplankton auf, wenn diese ihm unbegrenzt zur Verfügung standen? Das gefundene Verhältnis war 1 Mol Phosphor : 16 Mol Stickstoff : 106 Mol Kohlenstoff.

Da in der Aquaristik nicht die molekularen Anteile von Phosphor und Stickstoff angegeben werden, sondern Gehalte der gelösten Salze Phosphat und Nitrat, muss umgerechnet werden. Dies scheint nicht ganz einfach zu ein, denn es kursieren zwei Varianten. Eine spricht von 1 Anteil Phosphat zu 10 Anteilen Nitrat, die andere von 1 Anteil Phosphat zu 23 Teilen Nitrat. Verschiebt sich das Verhältnis in Richtung von zu viel Phosphat und zu wenig/ kein Nitrat, sollen Beobachtungen zufolge Blaualgen auftreten, andersherum bei zu viel Nitrat und zu wenig/kein Phosphat bevorzugt Grünalgen.

Anmerkungen

Die Redfield-Ratio funktioniert beim Phosphat-Nitrat-Verhältnis von etwa 1 : 16 oder auch 1 : 23 erstaunlich gut. Dagegen bereitet die 1 : 10-Variante oft Probleme. Auch lässt das Redfield-Verhältnis offen, zu welchen Anteilen die anderen wichtigen Düngestoffe, vor allem Kalium und Eisen, zugeführt werden sollen.

Sehr interessant und empirisch nachvollziehbar ist es, dass bestimmte Algenprobleme bei Verschiebung des Verhältnisses in vorhersehbarer Weise auftreten.

Estimative Index (E.I.)

Der E.I. nach Tom Barr beschreibt eine Methode, die es ohne Wassertests ermöglicht, den Aquarienpflanzen alle erforderlichen Nährstoffe zur Verfügung zu stellen. Nach Barr ist die Annahme, hohe Nährstoffkonzentrationen führten zu Algenwachstum, falsch, Freilandbeobachtungen dazu seien nicht richtig interpretiert worden. Hohe Nährstoffkonzentrationen würden nur dann Algenwuchs fördern, wenn in den betreffenden Gewässern keine oder nur sehr wenige höhere Wasserpflanzen vorhanden seien.

Laut Barr lösen Nitrat, Phosphat, Kalium und Eisen kein Algenwachstum aus und können daher in großen Mengen vorhanden sein. Der einzige Stoff, der Algen auslöse, sei das Ammonium.

Barr stellte zunächst fest, wieviele Nährstoffe in einem gut bewachsenen Aquarium bei maximaler Beleuchtungsstärke und reichlicher CO_2-Versorgung in einem Tag von den Pflanzen verbraucht wurden. Es sind dies:

- Nitrat NO_3 1 bis 4 mg/l
- Phosphat PO_4 0,2 bis 0,6 mg/l
- Kalium K   1 bis 3 mg/l
- Ammonium NH_4 0,1 bis 0,6 mg/l
- Eisen Fe   0,08 bis 0,09 mg/l
- Magnesium Mg   1,3 mg/l

Nach dem Estimative Index kommt von den Nährstoffen NO_3, PO_4, K und Fe soviel ins Becken, dass auf keinen Fall ein Mangel eintritt. Die Mengen liegen leicht über dem täglichen Maximalbedarf, jeder Nährstoff ist also stets unlimitiert vorhanden. Am Ende der Woche soll der am meisten verbrauchte Nährstoff gerade noch vorhanden sein. Da die Stoffe, die in kleineren Mengen benötigt wurden, noch im Wasser sind, wird ein großer Wasserwechsel von 50 % oder mehr durchgeführt. Dann beginnt der Zyklus von neuem.

Bei Becken mit weniger Licht und geringerer CO_2-Zuführung passt der E.I. die Düngergaben nach unten an. Es gibt die Variante, die zuerst mit Maximaldosierung beginnt und die Düngemengen von Woche zu Woche etwas senkt, bis das Pflanzenwachstum nachlässt. Dann wird wieder auf das Level der Vorwoche erhöht und diese Dosierung beibehalten.

Anmerkungen

Im Estimative Index wird geschätzt, und dies nach oben. Man könnte auch sagen: viel hilft viel. Einige Aquascaper, die den E.I. anwenden, sagen, er funktioniere, andere berichten von Misserfolgen. Es kommt wohl darauf an, ob viele schnell wachsende Pflanzenbestände vorhanden sind. Davon hängt auch ab, ob sich nicht trotz der sehr großen wöchentlichen Wasserwechsel einzelne Nährstoffe kumulieren, vor allem Kalium und Eisen.

Der E.I. geht nicht darauf ein, dass hohe Konzentrationen eines Stoffes bestimmte andere Stoffe beeinflussen sollen: Danach behindern Kaliumüberschüsse die Magnesiumaufnahme, zu hohe Eisengehalte sollen die Aufnahme des Spurenelementes Mangan behindern. Zu hohe Phosphatwerte haben den Ruf, sich allgemein hemmend auf das Pflanzenwachstum auszuwirken. Hohe Nitratwerte hemmen die Aufnahme von Ammonium und ab etwa 20 mg/l Nitrat wird auch die Kaliumaufnahme gestört. In weichem Wasser treten diese Antagonismen des Nitrats schneller auf, härteres kann mehr NO_3 aufnehmen.

Insgesamt erscheint die E.I.-Variante der nachlassenden Düngemengen auf Dauer interessanter. Ständiges Turbowachstum der Pflanzen, wie es beim klassischen E.I. mit hohen Beleuchtungsstärken, reichlich CO_2 und Dünger beabsichtigt ist, erfordert auch viel Pflege, vor allem häufigen Rückschnitt. Bei extrem wüchsigen Pflanzen ist es oft auch schwierig, den Charakter des Layouts beizubehalten. Und ungeklärt ist, ob es Fischen, Zwerggarnelen & Co wirklich gefällt, ständig in einer Düngersuppe herum zu schwimmen.

Die Vorteile dieses Systems sind die relative Einfachheit und dass keine Wassertests nötig werden. Nachteil ist der große Teilwasserwechsel, bei dem ein guter Teil des eingebrachten Düngers wieder weggeschüttet wird.

PMDD – „Poor Man's Dosing Drops"

Ein konträrer Ansatz zum E.I. ist das 1996 von Sears und Conlin entwickelte Düngesystem PMDD. Es sieht lediglich die Grundversorgung der Aquarienpflanzen mit allen Nährstoffen vor. Angestrebt wird ein langsamer, aber gesunder und kompakter Pflanzenwuchs, bei Stängelpflanzen sollen sich kurze Internodien bilden. Auch das CO_2 braucht mit 10 bis 15 mg/l nicht so hoch sein wie beim E.I.

Phosphat wurde in der Anfangszeit des PMDD überhaupt nicht zugeführt, weil es damals als Hauptursache für die Algenentwicklung galt und im fischbetonten Becken genügend vorhanden war. Nach späteren Forschungen rückte man von der Theorie des Phosphats als alleinigem Algenauslöser wieder ab und gab beim PMDD doch ein Minimum hinzu. Die täglichen Nährstoffdosierungen sind, verglichen mit dem E.I., deutlich geringer:

- Nitrat NO_3 1 mg/l
- Kalium K   1,3 mg/l
- Phosphat PO_4 0,1 mg/l
- Eisen Fe   0,03 mg/l
- Magnesium Mg   0,1 mg/l

Anmerkungen: Der Estimative Index wurde eher für Starklichtaquarien, der PMDD für schwach oder mittel beleuchtete Becken konzipiert. Das Nitrat-zu-Kalium-Verhältnis von 1 mg/l : 1,3 mg/l beim PMDD hat sich als nicht für alle Aquarien geeignet herausgestellt. In gut bepflanzten Becken mit wenigen Fischen ist der Stickstoffverbrauch oft deutlich höher als der Kaliumverbrauch. Dieses Düngesystem eignet sich also eher für Aquarien mit hohem Fischbesatz und moderater Bepflanzung.

Perpetual Preservation System (PPS), PPS Classic

Das von Edward entwickelte Perpetual Preservation System (Dauererhaltungssystem) ist in gewisser Weise eine Weiterführung des PMDD. Als Grundlage dienten Trockenanalysen des Gewebes verschiedener Aquarienpflanzen. Sie ergaben Anteile von:

- Kohlenstoff C   42 %
- Nitrat NO_3 13 %
- Kalium K   6 %
- Calcium Ca   4 %
- Phosphat PO_4 3 %
- Schwefel S   2 %
- Magnesium Mg   1 %

An diesen Verhältnissen nahm Edward Veränderungen vor und beobachtete die Wirkung auf das Pflanzenwachstum. Er stellte eine Standardnährlösung her, die solange zugegeben wurde, bis sich Verschiebungen in den Nährstoffverhältnissen ergaben. Dann wurden speziell für verschiedene Situationen angefertigte Nährlösungen verabreicht, etwa nitrat- oder phosphatfreie. Mit Wassertests fand Edward die genauen Verbrauchsverläufe der einzelnen Stoffe heraus.

PPS Pro

Seit einiger Zeit gibt es eine Weiterentwicklung, das PPS Pro, das ‚alte' PPS erhielt den Zusatznamen ‚Classic'. Es sieht ebenfalls eher langsameres Wachsen der Aquarienpflanzen vor, Wassertests werden nicht mehr benutzt. Alle von den Pflanzen benötigten Nährstoffe stehen ständig, aber im eher knappen Bereich zur Verfügung. CO_2 wird ebenfalls in nicht zu großen Mengen zugeführt. Der oft propagierte Idealwert von 30 mg/l sei nur mit größerem Aufwand zu erreichen, vor allem, wenn das Wasser etwas härter ist.

Das PPS Pro setzt Lichtmenge in Bezug zur Lichtdauer, beleuchtet wird pro Tag bei:

- 0,5 Watt/l oder weniger   10 bis 12 Std.
- 0,5–0,75 Watt/l   8 bis 10 Std.
- 0,75–1 Watt/l   7 bis 8 Std.
- 1 Watt/l oder mehr   6 Std.

Anmerkungen zum PPS Classic und Pro

Durch gezieltere Gabe der Nährstoffe soll im PPS Pro auf das Messen der Wasserwerte verzichtet, durch Licht- und CO_2-Limitierung soll der Düngestoffverbrauch gesenkt werden. Wie das PPS Classic und PMDD gehört PPS Pro zu den Systemen, die limitiert arbeiten. Nährstoffe sollen nicht, wie beim Estimative Index, überreichlich gegeben werden.

Bei limitierten Ansätzen kommt es natürlich eher vor, dass ein Stoff in den Mangel gerät. Mit zunehmender Erfahrung sieht man es den Pflanzen frühzeitig an, wenn etwas fehlt. Die gelegentliche Messung einiger Wasserwerte ist aber dennoch nützlich.

Stoßdüngung
Einige Aquascaper nutzen die Speicherfähigkeit der Pflanzen und düngen ‚auf Stoß', das heißt, es wird ähnlich wie beim E.I. unlimitiert gedüngt. Während der E.I. meist jeden zweiten Tag düngt, wird hier gleich eine ganze Wochenration gegeben.

Manche Aquascaper düngen nach dem Wasserwechsel auf, damit sich die Pflanzen bedienen können, und wiederholen dies nach jedem wöchentlichen Wasserwechsel. Andere düngen ein bis zwei Tage vor dem Wasserwechsel, so können die Pflanzen ihre Speicher füllen. Was nicht gebraucht wurde, wird beim Wasserwechsel entfernt oder verdünnt. Oft wird auch eine Grunddosis wöchentlich gegeben und mit einer Erhaltungsdosis täglich ergänzt. Einige Aquascaper düngen nur Phosphat PO_4 auf Stoß, weil es besonders gut gespeichert wird und geben die anderen Düngestoffe täglich.

Anmerkungen
Bei der Stoßdüngung, egal welcher Variante, handelt es sich um einen unlimitierten Ansatz. Die Methode entstand aus der Praxis und funktioniert sicherlich bei jedem Anwender nach seiner Vorliebe und Erfahrung. Bei nicht eingefahrenen Aquarien kann sie schnell zu Ungleichgewichten führen. Dünger, die Ammonium oder Urea (Harnstoff) enthalten, dürfen generell nicht stoßgedüngt werden, weil sich bei ansteigendem pH teilweise Ammoniak bilden kann. Wie jeder unlimitierte Ansatz erfordert die Stoßdüngung regelmäßige, kräftige Wasserwechsel, um Überschüsse auszutragen beziehungsweise zu verdünnen. Bei Anhäufungen eines Stoffes über seine Speicherfähigkeit hinaus werden Algen ihre Hilfe beim Abbau gern anbieten.

Method of Controlled Imbalances (MCI)
Ein interessantes Konzept, das zur Algenvermeidung überleitet, kommt von Christian Rubilar, ehemals Betreiber einer Wasserpflanzengärtnerei. Er studierte sehr genau die Zusammenhänge von Düngung, Düngeraufnahme und Algenaufkommen in der Praxis und fand heraus, dass enge Beziehungen zwischen bestimmten Nährstoffungleichgewichten und dem Algenwachstum bestehen und diese reproduzierbar bei gleichen Verhältnissen auftreten.

Nach dem MCI ist es nicht so wichtig, welche Düngelösungen angesetzt werden, interessant ist, was die Pflanzen aufnehmen und was danach im Wasser übrig bleibt. Der MCI beachtet auch die Zusammenstellung der Pflanzen im Aquarium. Es gibt solche, die eindeutig Nitrat bevorzugen, andere können größere Mengen Phosphat, Eisen, Calcium oder Magnesium aufnehmen, die meisten Pflanzen haben jedoch keine besonderen Präferenzen.

> **Beispiele**
>
> – *Glossostigma* hat eine Vorliebe für NO_3. Führt man in einem Aquascape mit einem weitläufigen Glossoteppich nicht genügend NO_3 zu, bekommt man Probleme mit Cyanos (Blaualgen).
> – Hat man einen dichten Bestand an *Marsilea* und gibt nicht ausreichend PO_4, entstehen recht schnell Grüne Punktalgen.
> – *Anubias* und *Microsorum*-Farne bevorzugen ebenfalls PO_4, haben aber beide nur eine relativ geringe Aufnahmerate.
> – Auch Cryptocorynen benötigen viel PO_4.
>
> Man würde also langfristig stabile Verhältnisse bekommen, wenn man zum Beispiel Diskusfische, die von Natur aus mit viel PO_4 zur Düngung beitragen, in einem Becken mit einem großen *Marsilea*-Bestand und vielen anderen PO_4-liebenden Pflanzen hält.

Algentest per Protokoll
Der MCI verwendet sogenannte Protokolle (Schritte), um festzustellen, welche Menge eines bestimmten Düngestoffs zugeführt werden muss, um eine dafür typische Alge entstehen zu lassen. Ist diese Stoffkonzentration bekannt, wird eine Dosierung knapp unter diesem Wert festgelegt. So verfährt man für jeden der wichtigsten Düngestoffe. Es wird also das Auftreten der typischen

> **Gut zu wissen**
>
> Das Hauptwerkzeug des MCI ist das ‚allgemeine KNO_3-Protokoll', entstanden aus der Feststellung, dass bei der Düngung allein mit Kaliumnitrat KNO_3, wenn PO_4 auf Null fällt, Grüne Punktalgen entstehen und andere aufhören zu wachsen oder eingehen. Nun können die Grünen Punktalgen durch geringe Mengen PO_4 wieder zum Verschwinden gebracht werden.

Alge provoziert, die durch ein Überangebot dieses Stoffes entsteht. Nach Durchführung aller Protokolle ist bekannt, mit welchen Dosierungen der Pflanzenbestand des getesteten Aquariums gedüngt werden muss, um die Pflanzen optimal zu versorgen, ohne dass sich Algen entwickeln.

Beziehungen zwischen Algen und Nährstoffen nach MCI:
- Grünes Wasser (Algenblüte): zu viel KNO_3 und PO_4 zusammen, evtl. noch Nitrit, da die Alge vor allem in neu eingerichteten Becken vorkommt.
- Grüne Fadenalgen: ein Zuviel an Ammonium.
- Die gefürchtete grüne *Cladophora*-Alge: Ungleichgewicht von Licht und Kohlendioxid. Hilft erhöhte CO_2-Zufuhr nicht oder ist schon ein Maximalwert erreicht, sollte die Beleuchtung reduziert werden.
- Bestimmte Rotalgen: zu viel Calcium durch hohen Karbonathärtewert, der die CO_2-Löslichkeit im Wasser beeinträchtigt.

Nur junger Aufwuchs dieser Fadenalge würde von der Amanogarnele abgeweidet.

- Bartalgen: Ungleichgewicht von Ca zu Mg, meist zu viel Magnesium.
- Graue oder braune Langhaaralgen (Rotalgen): zu viele Schwefelverbindungen (Sulfate).
- Grüne Staubalgen: Ca:Mg-Ungleichgewicht mit zu viel Calcium; sowie ein NO_3:PO_4-Missverhältnis mit zu viel Phosphat.
- Einige Arten Rotalgen (Bartalgen): Eisenüberschuss.
- Cyanobakterien (Blaualgen): NO_3:PO_4-Ungleichgewicht mit zu viel Phosphat und Nitrat gegen Null.

Anmerkungen
Die MCI zeigt Zusammenhänge zwischen Nährstoffen und Algen und beschreibt die Missverhältnisse im Detail. In einigen Fällen kann dies reproduzierbar bestätigt werden, andere, vor allem die von Ca und Mg, sind schwerer zu verifizieren, weil sie gewöhnlich nur zusammen als Gesamthärte gemessen werden.

Es ist zu zeitaufwendig, alle Protokolle durchzuführen, doch bereits das allgemeine KNO_3-Protokoll ist anfangs oder auch immer dann sinnvoll, wenn schlechtes Pflanzenwachstum und diverse Algen auftreten.

> **Tipp**
>
> Die erfolgversprechende Methode ist noch nicht weit verbreitet und es gibt im deutschsprachigen Raum bisher keinen Meinungs- und Erfahrungsaustausch darüber. Die Internetplattform *Flowgrow.de* hat die Übersetzung eines ausführlichen Artikels mit Fotos zur Identifikation der Algen eingestellt.

Das Becken wird damit, was die Düngung anbetrifft, wieder auf Null gesetzt. Davor wird ein kräftiger Teilwasserwechsel durchgeführt, dann sämtliche Düngung ausgesetzt und nur Kaliumnitrat KNO_3 solange gegeben, bis sich die ersten grünen Punktalgen entwickeln. Danach wird sehr wenig(!) Phosphat PO_4 zugeführt und mit der restlichen Düngung vorsichtig weitergemacht. Es ist zu vermuten, dass die MCI, da sie in einer Erwerbsgärtnerei für Wasserpflanzen entwickelt wurde, Starklichtbedingungen und hohe CO_2-Zugabe zur Grundlage hat.

Résumé
Aus den Düngekonzepten, Erfahrungen praktizierender Aquascaper und oft gegensätzlich erscheinenden Ratschlägen in Internetforen kristallisieren sich zwei grundsätzliche Regeln heraus:
- Wasserpflanzen benötigen im Gegensatz zu Algen alle Pflanzennährstoffe und können einzelne in unterschiedlichen Mengen speichern. Fehlt ein Nährstoff, holt sich die Pflanze diesen aus ihrem Vorrat. Ist dieser erschöpft und wird nicht nachgeliefert, stockt das Wachstum, auch wenn alle anderen Stoffe vorhanden sind (Liebig'sches Minimumgesetz). Algen benötigen explizit nicht sämtliche Nährstoffe. Sie treten auf, wenn das Pflanzenwachstum aus Mangel an einem oder mehreren Stoffen stagniert, dann bauen sie die überschüssigen anderen Stoffe ab.
- Zu hohe Nährstoffkonzentrationen sind nicht nötig, im Gegenteil, sie können die Aufnahme anderer Stoffe behindern (Antagonismus). Nährstoffkonzentrationen, die die Aufnahmefähigkeit der Pflanzen übersteigen, werden wiederum von Algen abgebaut.

Die Minimumdüngung

Aus den beiden Regeln folgt ein logisches Konzept: Die Minimumdüngung, auch Magerdüngung genannt. Dabei wird gerade so viel zugefügt, dass kein Stoff in den Mangel gerät. Alle Stoffe werden gedüngt, die Makronährstoffe NPK, sowie Eisen und weitere Mikronährstoffe.

Im Handel gibt es Ein-Flaschen-Lösungen, in denen alles enthalten ist. Hierbei sind Sie allerdings auf die Zusammenstellung des Herstellers angewiesen. Die eine Lösung kann in Ihrem Aquascape funktionieren oder auch nicht. Praktikabel ist auch die Zwei-Flaschen-Lösung, das heißt, NPK und Eisenvolldünger werden getrennt zugeführt. Sie sollten darauf achten, dass beide Dünger zeitversetzt gegeben werden, um Ausfällungen von PO$_4$ mit Fe zu vermeiden. Auch hier besteht das gleiche Problem wie bei der Ein-Flaschen-Lösung: sie können, müssen aber nicht funktionieren.

> **Praxistipp**
>
> Meiner Erfahrung nach sind in NPK-Düngern oft Kaliumanteile in einer Menge enthalten, die nicht jedes Becken aufnehmen kann. Auch die Phosphatmengen sind im Vergleich zum Stickstoff oft eher hoch.

Düngung nach Einzelkomponenten

Eine ganz exakte, bedarfsgerechte Düngung erreichen Sie mit der Zuführung von NPK als Einzelkomponenten. Sehr gute Lösungen bietet hier Aqua-Rebell in der Makro-Basic-Produktserie an. Wenn Sie das Wasser nicht mit Umkehrosmose oder Entsalzung aufbereiten, sind die Wasser-

> **Praxistipp**
>
> – Testen Sie jeden Dünger mit kleinen Mengen und eventuell mit Messungen an.
> – Verwenden Sie ausschließlich für die Aquaristik entwickelte Dünger!
>
> Andere Dünger können in der Zusammensetzung völlig ungeeignet sein. Meist ist der Phosphatanteil zu hoch, der Stickstoffanteil setzt sich aus hohen Urea- und Ammoniumanteilen zusammen, auch Spurenelemente können in für Wasserpflanzen viel zu hoher Dosierung vorliegen. Daher können Zimmerpflanzen- und Gartendünger vor allem für Wirbellose und Filterbakterien schädlich bis tödlich sein.

werte Ihres Leitungswassers interessant. Was darin schon reichlich vorhanden ist, braucht nicht zusätzlich aufgedüngt werden.

NPK-Düngung

Viele Düngevorschläge und Fertiglösungen gehen von einem recht hohen Kaliumanteil aus, sehr gut bewährt hat sich dagegen ein Verhältnis von etwa **N = 3 Anteilen : P = 0,2 Anteilen : K = 0,5 bis 1 Anteil.**

In der Praxis funktionieren Aquascapes auch mit teilweise völlig anderen Werten. Sollten Sie aber Probleme mit schlechtem Pflanzenwuchs und Algen haben, könnte es sich lohnen, sich diesem Verhältnis anzunähern.

- Der Dennerle A1 Daily NPK ist eine Ein-Flaschen-Lösung, ein Eisenvolldünger mit NPK und mit etwa N = 3 : P = 0,13 : K = 0,26 Anteilen eine ausgewogene und für die meisten Becken passende Zusammensetzung.
- Der Makro Spezial N mit meines Erachtens ebenfalls einer sehr guten Zusammensetzung enthält etwas Carbamid (Urea = Harnstoff) und sollte daher generell morgens vor Einschalten des Lichts zugegeben werden. Dann ist der pH-Wert noch niedrig, es sind keine Umwandlungen in Ammoniak zu befürchten. In der Einfahrphase darf diese Rezeptur nur äußerst sparsam gegeben werden. Sollte sich der Kaliumanteil als zu niedrig herausstellen, kann er mit dem Makro Basic Kalium zielgenau erhöht werden. Phosphat ist in diesem Dünger nicht enthalten. Es kann mit Makro Basic Phosphat ebenfalls genau dem Bedarf des Beckens entsprechend zugeführt werden.

In der Einfahrphase des Aquascapes werden alle NPK-Dünger generell höchstens zur Hälfte der angegebenen Menge zugeführt und in langsamen Schritten bis zum tatsächlichen Bedarf erhöht. Dieser kann unter den vom Hersteller angegebenen Dosierungen liegen, bei Starklicht aber auch darüber.

> **Tipp**
>
> **Bodengrunddüngetabletten**
>
> Düngetabletten für den Bodengrund gibt es in vielen Ausführungen. Wenn sie Eisen enthalten, muss dieses im Düngeplan mitberücksichtigt werden.

Eisen-Volldünger

Beim Eisen-Volldünger ist im neu eingerichteten Aquarium größte Zurückhaltung geboten: zu viel Eisen erzeugt schnell Pinsel- oder Bartalgen. Hier

Tiere im Aquascape

Sie bekommen in diesem Buch wenig Raum, aber nicht, weil sie uninteressant sind, sondern weil an anderer Stelle schon so viel Wissenswertes geschrieben wurde. Hier also nur ein paar Gedanken zu den tierischen Bewohnern des Pflanzenaquariums oder Aquascapes.

Fische

Ein schön bepflanztes Aquascape eignet sich ideal als Art- oder Artenbecken, also mit einer oder wenigen Arten von Zierfischen. Über jede der in Frage kommenden Fischarten liegen genügend Informationen vor, die Sie vor dem Kauf ausgiebig studieren sollten.

> **Gut zu wissen**
>
> Viele Fischarten schätzen die erhöhten Beleuchtungsstärken eines heutigen Pflanzenbeckens nicht sehr und zeigen ihre schönsten Farben erst im Schutz von Wurzeln und Pflanzenbeständen.

Mayaca fluviatilis, das Fluss-Mooskraut, benötigt viel Licht und CO_2. Es bevorzugt weiches und saures Wasser.

Für ein Pflanzenaquarium bieten sich besonders solche Fische an, die den Algenwuchs mitbekämpfen. Die meisten dafür in Frage kommenden Arten werden allerdings recht groß. Manche haben nur im jugendlichen Stadium Lust auf Algennahrung, manchmal fressen den anderen Fischen lieber das Futter weg oder raspeln gern mal nachts Löcher in Pflanzenblätter.

reicht es, mit 10 % der Normaldosis zu beginnen. Sollten sich Bartalgen zeigen, wird die Mikrodüngung einige Zeit ganz ausgesetzt. Später pendelt sich der Verbrauch des Eisen-Volldüngers meist auf ⅓ bis ½ der empfohlenen Dosis ein, bei Starklichtbecken entsprechend mehr.

Probieren Sie beim Eisen-Volldünger ruhig einige Produkte aus oder geben Sie stärker und schwächer chelatierte abwechselnd. Bevorzugen sollten Sie Produkte, die genaue Mengenangaben für wenigstens die wichtigsten Zutaten angeben. Der Fe-Gehalt kann von Produkt zu Produkt in der angegebenen Verabreichungsdosis erheblich schwanken.

> **Gut zu wissen**
>
> Der Nährstoffrechner auf *Flowgrow.de* leistet bei den Berechnungen der Nährstoffkomponenten wertvolle Dienste.

Der Moskitobärbling *Boraras brigittae* ist ein kleiner, friedlicher Schwarmfisch, der den Jungtieren der Zwerggarnelen nicht nachstellt. Damit er sich sattrot färbt, muss der Bodengrund entweder dunkel oder dicht bepflanzt sein. Auf hellem, reflektierendem Untergrund fühlt er sich unwohl, wird nervös und heller.

Schön und überaus nützlich: Zwerggarnelen, hier Sakura-Garnele.

Gut geeignet: Ohrgitter-Harnischwelse

Eine Ausnahme sind die kleinen Ohrgitter-Harnischwelse, die unter dem (falschen) Namen *Otocinclus affinis* angeboten werden. Es handelt sich dabei um mehrere verwandte Arten, deren genaue Bestimmung schwierig ist. Sie alle lieben klares Wasser, Strömung und Sauerstoff. Sie raspeln gern an Wurzeln und weiden Algenaufwuchs ab. Sie sollten trotzdem moderat zugefüttert werden. Es müssen verschiedene Tabs oder Sticks angeboten werden, sie gehen nicht an jedes Futter. Aber sie nehmen auch kleinste (!) Gurkenstücke, überbrühte Salatblätter oder Ähnliches an.

Otocinclen sollten sehr vorsichtig gefangen werden, sie haben besonders im Maulbereich Dornfortsätze, mit denen sie leicht im Kescher hängen bleiben und sich dabei unbemerkt verletzen. Im schlimmsten Fall können sie keine Nahrung mehr aufnehmen und verhungern. Fische im Händlerbecken mit eingefallenen oder sehr flachen Bäuchen könnten bereits geschädigt sein.

Die idealen Bewohner: Zwerggarnelen

Geradezu geschaffen für ein schönes Naturaquarium sind die in aller Vielfalt an Farben erhältlichen Zwerggarnelen. Sie sind stets auf der Suche nach Algen, Mikroorganismen und zerfallendem Laub. Besonders gern zerlegen sie überbrühte Brennnessel- oder Löwenzahnblätter. Zwerggarnelen sollten nur sparsam zugefüttert werden, da-

Gut zu wissen

Ständige, kleine Mengen Seemandelblätter im Becken sind aus zwei Gründen interessant: einmal als Nahrung für die Garnelen, zweitens entstehen bei der Zersetzung Huminsäuren, die sehr positiv auf das biologische Gleichgewicht des Beckens wirken und ein eher pflanzenfreundliches, algenunfreundliches Milieu schaffen.

Die Red-Rili-Zwerggarnele ist eine neue Züchtung, vermutlich aus Sakura-Zwerggarnelen in einer unbeabsichtigten Rückzüchtung entstanden.

Die Gelbe Zwerggarnele ist weniger scheu als ihre grüne Verwandte. Jüngere Tiere haben eine schwache, vor allem ältere Weibchen eine sehr intensive Färbung.

mit sie ihre eigentliche Aufgabe nicht vergessen: Algen vertilgen.

Bei den Zwerggarnelen gibt es Arten für unterschiedlichste Wasserverhältnisse und Temperaturbereiche. So ist es wichtig, sich vor dem Kauf gut über ihre Bedürfnisse und Lebensverhältnisse zu informieren. Beachtet werden muss die Empfindlichkeit gegenüber sehr vielen im Wasser gelösten Stoffen, die Fische und Schnecken noch in keiner Weise beeinträchtigen würden.

Verkannte Schönheiten: Schnecken

Während sich im Gesellschaftsaquarium die Posthorn- und Blasenschnecken bei zu üppiger Fischfütterung heftig vermehren, sind sie im Aquascape sehr willkommen. Sie vertilgen Pflanzen- und Futterreste und verarbeiten auch mal einen nicht entdeckten, toten Fisch, bevor dieser das Wasser eutrophiert.

Renn-, Geweih- oder Hörnchenschnecken halten Aquarienscheiben und Hardscape von Algen frei. Sie gehen allerdings nur schwer an Ersatznahrung, sodass ihre Anzahl im Scape dem ständig nachwachsenden, auch kaum sichtbaren Algenaufkommen angeglichen werden muss. Apfelschnecken sind wegen ihrer etwas ruppigen

> **Tipp**
>
> Wasserschnecken sollten niemals von der Unterlage ‚abgezupft' werden, sondern so lange langsam geschoben, bis sie von selbst loslassen. Manche Schnecken, auch Rennschnecken, können sich nicht mehr selbst umdrehen, wenn sie auf dem Rücken liegen.

Ungeliebte Nützlinge, die Algen

Rennschnecken fressen vor allem Grünalgen auf Aquarienscheiben, Innenfiltern, Heizstäben, Wurzeln und Steinen. Sie bevorzugen eindeutig Hartsubstrat. Ins Pflanzengewirr gehen sie nur auf der Suche nach neuen Nahrungsquellen. Sie verlassen auch gerne das Aquarium. Deshalb sollte es gut abgedeckt sein!

Geweih- oder Hörnchenschnecken (*Clithon*) halten sich ebenfalls meist auf harter Unterlage auf, suchen aber auch auf Pflanzenblättern nach Algen.

In der Aquaristik gelten Algen aller Farben und Formen als eines der größten Probleme überhaupt. In allen Foren sind die Algenthreads meist die längsten und die Anfragen zahlreich. Gibt es denn keine Methode, Algen von vornherein zu verhindern, oder wenn sie schon da sind, sie schnell wieder loszuwerden? Sind chemische Bekämpfungsmittel – mit teils erheblichen Nebenwirkungen, Desinfektionsmittel wie EC (Easy Carbo) in 4-facher Überdosierung oder tagelange ‚Dunkelkuren' gegen Cyanobakterien (Blaualgen) wirklich der Weisheit allerletzter Schluss?

Vor der Zeit der Pflanzenaquaristik war die Antwort leicht: Algen galten als Zeichen von ‚Eutrophie', die Ursache wurde also auf erhöhte Nitrat- und Phosphatwerte reduziert. Aquarien waren damals voller Fische, bei einem bescheidenen Bestand meist langsam wachsender Pflanzen, so stimmte das mit der Eutrophierung meist auch irgendwie. Manche wichtigen Wasserwerte waren noch nicht bekannt, gemessen wurde eher selten und lückenhaft. Es gab zum Beispiel noch keine Kaliumtests. Als Algenursachen wurden immer Nährstoffüberschüsse vorausgesetzt, an Mangelsituationen dachte damals noch niemand.

Das Milieu

In der aufkommenden Pflanzenaquaristik fand man, dass die Algen in Aquarien mit teilweise völlig aufgebrauchten Nährstoffen genauso gut oder sogar besser gediehen als in überfütterten Fisch-

Art im Aquascaping nicht sehr in Mode. Und sie scheinen etwas Probleme mit *Hemianthus callitrichoides* cuba zu haben, manchmal pflügen sie es um.

Aber es wird auch berichtet, dass Kuba-Perlkraut eine der ganz wenigen Pflanzen sei, die von Apfelschnecken gefressen wird.

> **Gut zu wissen**
>
> Die besten Erzeuger von hochwertigem Bio-Dünger sind die Apfelschnecken. Sie sind unermüdliche Fresser, vertilgen Fisch- und Garnelenfutter, gekochte Möhrenstückchen oder kurz aufgekochte Brennesselblätter.

Aus dem bunten Mix verschiedener Algen sind bei den kleinen Zwerggarnelen hauptsächlich die jungen weichen Grünalgen beliebt.

In jedem Aquarium sind viele Algenarten zumindest als Sporen vorhanden. Kleinere Aufwüchse von Grünalgen an Holz und Wurzeln sehen sogar manchmal sehr natürlich und schön aus.

becken. Zuzuordnen welche Alge bei genau welchem Überschuss oder Mangel auftrat, fiel aber schwer. Immer wieder traten gleiche Algenarten unter völlig unterschiedlichen Bedingungen auf.

Doch es zeichnete sich immer mehr ab, dass bestimmte Algen bestimmte Milieus bevorzugen. Man erkannte, dass sie dort Nährstoffe aufnahmen, wo Wasserpflanzen aus irgendeinem Grund welche übrig ließen. Nehmen Algen bestimmte Stoffe auch oder gerade dann auf, wenn die Pflanzen sie nicht mehr verwerten können? Genügen ihnen Spuren des knappsten Nährstoffs, die den Pflanzen nicht mehr reichen?

Biologische Gleichgewichte

Welche Stoffe werden denn nun von den verschiedenen Algen abgebaut? Sind es die bekannten Nährstoffe wie Ammonium, Nitrat, Phosphat, Kalium, Eisen und so weiter? Und könnte man bestimmte Ungleichgewichte eindeutig spezifischen Algenaufkommen zuordnen?

Bei den einzelnen Düngekonzepten fanden wir Hinweise darauf (siehe Seite 103). Vor allem die Entwicklung von Grünalgen und Cyanobakterien (Blaualgen), die durch die Redfield-Ratio bekannt wurde und das zum Teil reproduzierbar hervorgerufene Wachstum verschiedener Algen, das Chr. Rubilar in seiner Method of Controlled Imbalances (MCI) beschrieben, sind sehr wertvolle Beiträge zur Lösung des ‚Algenrätsels'.

B. Kaufmann *(aquamax.de)* beschrieb nach Auswertung mehrerer Tausend Fragebögen Auffälligkeiten, die innerhalb bestimmter Algengruppen überdurchschnittlich oft vorkommen. Viele Algenprobleme führt er zurück auf zu wenige Wasserwechsel oder Wechselwasser, das schon hohe Belastungen mitbringt. Auffällige Zusammenhänge sieht er auch zwischen CO_2-Mangel und Rotalgen, starker Beleuchtung und Grünalgen sowie Sandboden und Blaualgen.

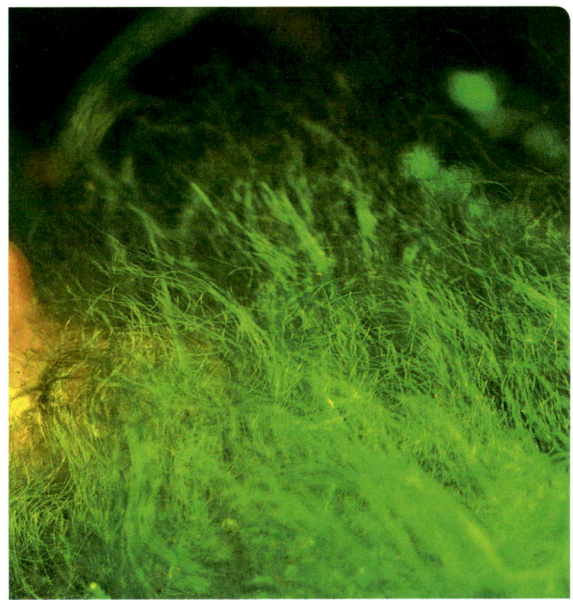

Grüne Fadenalgen können je nach Art sogar sehr dekorativ aussehen. Leider wachsen sie meist an unerwünschten Stellen.

Veränderungen des biologischen Umfeldes bieten auch den Algen günstigere oder ungünstigere Bedingungen für ihr Wachstum.

Kaufmann schreibt überdies, es kämen oft mehrere Ursachen zusammen, um Algen entstehen zu lassen. Aus solchen wertvollen Erhebungen in der Aquarienpraxis und vielen Erfahrungsberichten sind deutliche Tendenzen erkennbar. Algen bilden sich nicht willkürlich, sondern dort, wo sie günstige Bedingungen vorfinden.

> **Gut zu wissen**
>
> Algen gleichen Nährstoff- und Milieuungleichgewichte aus und können toxische Stoffe binden.

Pflanzen benötigen von allen Komponenten wie Licht, CO_2, Nährstoffen oder Spurenelementen ein Mittelspektrum. Das Fehlen oder ein Überschuss einer oder mehrerer Komponenten ruft genau die Algen auf den Plan, denen dieses spezifisch verschobene Spektrum zusagt.

Im Sonderheft Nr. 4 der Zeitschrift Aqua-Planta zum Thema Algen, geht Dr. Helmut Dittmar genauer auf ‚Algen und ihr bevorzugtes Milieu' ein. Er betrachtet sie dort sogar als ‚Zeigerpflanzen für die vorherrschenden Bedingungen im Aquarium'.

Algen und ihre Ursachen

Im Folgenden werden die in der Aquaristik wichtigsten Algengruppen mit ihren gebräuchlichen Bezeichnungen zusammengefasst, eine weitere Unterteilung wurde aber nicht vorgenommen.

Grünalgen

Grünalgen zeigen eine sehr große Formenvielfalt. Grüne Fadenalgen fühlen sich meist rau an, die Fäden können 30 bis 50 cm und länger werden. Noch recht neu ist eine grüne, extrem stark wachsende Schmieralge, die durch absolute Überdüngung mit Nitrat und Kalium entsteht.

Zusammenhänge zwischen Bedingungen und Algenwachstum im Aquarium in der Übersicht

	Grüne Fadenalgen	Cladophora-Grünalge	Grüne Punktalgen	Grüne Staubalgen	Grüne Fusselalgen	Grüne Pelzalgen	Grünes Wasser, Algenblüte	Bartalgen	Pinselalgen	Kieselalgen	Cyanobakterien (Blaualgen)
Physikalische Faktoren											
neu eingerichtetes Aquarium	x						x			x	
Ungleichgewicht der Mikroflora										x	
zu starke Filterung								x	x		
zu wenig CO_2	x	x	x			x		x	x		x
hoher pH-Wert		x						x			x
(zu) viel Licht	x	x	x		x?		x				
ungünstiges Lichtspektrum						x?					
hohe Temperatur							x				x
Nährstoffe											
hohe organische Belastung					x						x
Fäulnis im anaeroben Bereich								x			x
zu viel Harnstoff (Urea)				x							
zu viel Nitrit											x?
viel Ammonium	x	x?						x	x?	x	
zu wenig Stickstoff		x									x
zu viel Kalium	x	x	x	x?		x?	x				
Kaliummangel											x?
zu viel Phosphat								x			x
Phosphatmangel			x	x?							
Nitrat/Phosphat-Ungleichgewicht	x	x	x								x
zu viel Nitrat				x				x?			
Nitratmangel		x			x	x					
allgemeiner Nährstoffmangel					x						
zu viel Eisen gegenüber Makronährstoffen	x	x?						x	x?		
zu viel Eisen gegenüber Spurenelementen	x	x?									
zu wenig Eisen											
Calcium/Magnesium-Ungleichgewicht								x	x		
Ungleichgewicht der Mikronährstoffe								x	x		
kaum verfügbare Spurenelemente	x	x									
hoher Silikatwert										x	

Gut zu wissen

Grüne Fadenalgen können mit einem rauen Holzstäbchen oder dünnen Schlauchreiniger vorsichtig aufgewickelt werden. Beim Herausziehen die Pflanzen gut festhalten, sonst zieht man sie versehentlich mit heraus!

Cladophora-Algen kommen in ihren Bedürfnissen denen unserer Aquarienpflanzen am nächsten. Das macht ihre Bekämpfung etwas schwieriger. Es gibt für ausgeprägte Fadenalgen- oder *Cladophora*-Populationen kaum einen Algenfresser. Amano- und andere Zwerggarnelen weiden vorrangig junge Bestände ab. B. Kaufmann beschreibt in seiner ‚Algen-Fibel' den La Plata-Algensalmler als Fadenalgenvertilger. Mit 6 bis 8 cm Länge wäre dieser schwimmfreudige Fisch für größere Becken geeignet.

Grüne Fadenalgen kommen oft vorübergehend bei neu eingerichteten Aquarien vor, außerdem bei viel Ammonium, zuviel Kalium und Ungleichgewichten von Nitrat und Phosphat. Dies kann entweder zuviel Nitrat und zugleich Phosphat gegen Null sein, oder zuwenig Nitrat, eher bei den weicheren Arten, aber auch bei Cladophora. Zuviel Eisen im Verhältnis zu Makronährstoffen oder zu anderen Spurenelementen sowie kaum verfügbare wasserlösliche Spurenelemente sind weitere begünstigende Faktoren. Außerdem CO_2-Mangel, zu starke Beleuchtung beziehungsweise viel Licht und wenigen schnell wachsende Pflanzen.

Cladophora kommt vor bei zuviel Licht, zu wenig CO_2, hohem pH-Wert, zu wenig Nitrat, wenig Stickstoff und zugleich zuviel Kalium.

Pinselalgen an ihrem typischen Erscheinungsort, den Rändern langsam wachsender Pflanzen.

Grüne Punktalgen sind schwer abzukratzende, harte grüne Beläge auf Aquarienscheiben und Blättern langsam wachsender Pflanzen. Sie kommen besonders gern dort vor, wo viel Tageslicht einfällt, aber auch bei zu wenig CO_2, Nitrat-Phosphat-Ungleichgewicht, zu wenig Phosphat und zuviel Kalium.

Grüne Staubalgen sind leicht abzuwischen. Sie kommen fast nur auf den Aquarienscheiben vor etwa bei zu viel Urea (grüne Scheiben), zuviel Nitrat, möglicherweise bei zu wenig Phosphat oder zu viel Kalium.

Grüne Fusselalgen wachsen auf Pflanzen und überziehen sie mit einer grünen, flockigen

> **Gut zu wissen**
>
> Grüne Punktalgen, Staubalgen, Fusselalgen und Pelzalgen lassen sich mit Renn- und Geweihschnecken dezimieren, auch Otocinclen helfen mit. Posthornschnecken und Lebendgebärende Zahnkarpfen fressen eher Algenaufwuchs als ausgewachsene Bestände.

> **Gut zu wissen**
>
> PMS (Preis Mineral-Salz) hat durch seine Inhaltsstoffe Magnesium und seltene Spurenelemente in einigen Fällen bei Pinselalgenbefall geholfen. PMS ist als 1-kg-Dose erhältlich.
> Eine kleinere Version, Preis-Minerals, mit ähnlicher Zusammensetzung wird neuerdings angeboten.

> **Gut zu wissen**
>
> Versuchen Sie nicht, Cyanos mit Stäbchen wie die Grünalgen aufzuwickeln, das funktioniert nicht! Sie sollten auch keinesfalls absammeln, dadurch werden sie im Becken verteilt.
> Saugen Sie sie ausschließlich mit dem Schlauch sauber ab. Auch sich auflösende Bestände müssen restlos abgesaugt werden.

Schicht, die meist nur wenige Millimeter dick wird. Zwerggarnelen stürzen sich darauf, es bleibt dann nichts übrig. Grüne Fusselalgen kommen vor bei allgemeinem Nährstoffmangel, auch hervorgerufen durch zuviel Licht, sowie bei Nitratmangel.

Grüne Pelzalgen wachsen als meist dünner, fester, samtiger Überzug, vorwiegend als dichte Polster auf den Blättern langsam wachsender Pflanzen. Sie kommen vor bei Nitratmangel, zu wenig CO_2, nicht gefressenem Flockenfutter als Ablagerung auf Pflanzenblättern, aufgewirbeltem Mulm sowie möglicherweise bei ungünstigem Lichtspektrum oder auch zu viel Kalium.

Grünes Wasser, Schwebealgen, Algenblüten werden meist durch Grünalgen, selten Kieselalgen oder Cyanobakterien ausgelöst. Sie sind ein vorübergehendes Phänomen und dauern meist nur wenige Tage. Sie kommen vor bei zuviel Kaliumnitrat und zuviel Phosphat zusammen, zuviel Ammonium, viel Licht, hohen Temperaturen und be-

> **Gut zu wissen**
>
> Sich zersetzende Schwebealgen bilden einen guten Dünger für Wasserpflanzen.

sonders in der Einfahrphase, wenn noch keine Bakterienkonkurrenz existiert.

Die Schwebealgen können mit Mikrofiltervlies herausgefiltert werden. Biologische Bekämpfung funktioniert, wenn noch keine Fische im Becken sind, mit einer großen Portion Wasserflöhe, oder durch Einbringen verschiedener Bakterienkulturen.

Rotalgen

Sie gliedern sich, etwas aquarienrelevant vereinfacht, in Bart- und Pinselalgen. Amanogarnelen, Apfelschnecken, Geweihschnecken und Posthornschnecken fressen verschiedene Arten von Rotalgen, können hierbei aber durchaus wählerisch sein.

Bartalgen sind länger als Pinselalgen und verzweigter, können Fäden mit über 12 cm Länge entwickeln. Sie siedeln sich gern an Blatträndern und auf Einrichtungsgegenständen an und bevorzugen gedämpftes Licht. Die Büschel oder Bärte können grau, braun, dunkelgrün bis schwarz sein.

Sie kommen vor bei zu viel Ammonium, Überbesetzung des Aquariums, zusammen mit Cyanobakterien in Fäulnisherden in anaeroben Bodenbereichen, bei zu wenig CO_2, Ca-Mg-Ungleichgewicht (zuviel Magnesium?), zuviel Eisenvolldünger, zuwenig Makronährstoffe, eventuell zuviel Sulfat im Dünger, bei Ungleichgewicht der Mikronährstoffe sowie in stark, beziehungsweise überfilterten Aquarien.

Pinselalgen wachsen mehr aus einem Zentrum heraus, sind tendenziell etwas härter. Sie befallen ältere Pflanzenblätter, bleiben kürzer als Bartalgen, meist um 1 cm, wenige Arten werden etwa 2,5 cm lang. Ihre Farbe geht in Richtung grünlich, grau, braun, dunkelrot, schwarz. Schwarze Pinselalgen entstehen bei hohen Phosphatgehalten. Pinselalgen gedeihen in hartem Wasser meist besser.

Sie kommen außerdem vor bei starker Strömung, zuwenig CO_2, falschem Ca-Mg-Verhältnis mit möglicherweise zu wenig Magnesium. Eventuell bei zuviel Ammonium, zuviel Eisen oder auch durch ein bestimmtes Spurenelement in manchen Volldüngern. Außerdem bei zu vielen Spurenelementen, zu wenigen Makronährstoffen, Überfilterung, Eisenphosphatausfällungen, sowie falschem, eventuell zu feinem Sand.

Bartalgen und kleine Bestände grüner Punktalgen und Cyanos. Bartalgen wachsen flächiger, länger und verzweigter als Pinselalgen.

Cyanobakterien können sich innerhalb kürzester Zeit aus kleinsten Populationen zu großen, glitschigen Massen auswachsen.

Kieselalgen

Sie zeigen sich als feine braune bis grünliche Beläge auf Steinen und Scheiben, später werden sie leicht schleimig. Sie fühlen sich etwas rau an, wie feines Schleifpapier, und sind leicht abzulösen. Es sind Pionieralgen, die im eingefahrenen Becken meist wieder verschwinden, außer sie finden eine ständige Kieselsäurequelle vor.

Otocinclen, Ancistren und verschiedene Schneckenarten fressen Kieselalgen. Pflanzlicher Nahrungskonkurrent mit Präferenz für Kieselsäure ist das Hornkraut.

Kieselalgen kommen vor bei hohem Silikatwert möglicherweise aus dem Leitungswasser, außerdem oft vorübergehend bei der Neueinrichtung des Aquariums, etwa durch die noch fehlenden nützlichen Bakterienkulturen sowie bei hohem Ammoniumwert.

Blaualgen – Cyanobakterien

Blaualgen werden seit einiger Zeit zu den Bakterien gezählt, sie können aber Photosynthese betreiben, Sauerstoff erzeugen und sollen sogar organische Stoffe assimilieren können. Sie kommen in der Natur sowohl in sehr nährstoffarmen als auch in stark belasteten Gewässern vor.

Cyanobakterien, unter Aquarianern salopp Cyanos, sind schleimige, wabernde Gebilde, die alles mit einer meist transparenten, blaugrünen, blauvioletten, braunen bis schwarzen Haut überziehen. Sie scheinen ganz dicht über dem Boden zu schweben, jederzeit bereit, sich explosionsartig auszubreiten. Die meisten im Aquarium vorkommenden Arten haben den bekannten, typisch penetranten Geruch, doch es soll auch rötliche Blaualgen geben, die geruchsneutral sind.

> **Gut zu wissen**
>
> Bei Algenproblemen gilt immer zuerst: Ursachenforschung, auch wenn dies nicht leicht ist. Bei Cyanobefall sollte ebenfalls nach den Ursachen geforscht werden, denn auch Dunkelkur ist lediglich Symptombekämpfung!

Cyanobakterien kommen vor bei
- hoher, oft auch partieller **organischer Belastung**, etwa durch viel Fütterung (Trocken- und Frostfutter) oder zuviel Düngung in neu eingerichteten Aquarien. Außerdem bei zu wenig Wasserwechsel oder zuviel Phosphat im Leitungswasser, liegen gebliebenen, schwimmenden oder abgesunkenen Futterresten. Dann erscheinen sie oft als rötliche oder bräunliche Schmieralge.
- Sie treten auf bei gestörter nützlicher Bakterienflora (sind chemische Mittel im Einsatz?), hohen Temperaturen, **blockiertem Schadstoffabbau**, pH-Sprung nach oben, generell zu hohem pH-Wert und bei zu niedrigem CO_2-Gehalt.
- Charakteristisch für ihr Erscheinen kann auch **niedriger Sauerstoffgehalt** sein, etwa bei stagnierendem Wasser im Boden oder stellenweise faulendem, nicht atmenden Bodengrund, bei anaerob gewordenem Torf und verschlammtem Filter.
- Blaualgen wachsen bei **Stickstoffarmut**, vor allem wenn genügend Phosphat vorhanden ist.

Auch an besonders nährstoffarmen Stellen sind sie zu finden: dort, wo noch ein kleiner Rest Phosphat vorhanden ist, beispielsweise im Hornkraut, zwischen der *Riccia* oder an den Wurzeln von Schwimmpflanzen.
- Weiter kommen Phosphatrücklösungen im Bodengrund oder Kaliummangel infrage.

Doch noch: Algenbekämpfungsmittel

Chemische Mittel wie Kupfersulfat oder extrahierte Giftstoffe brauchen, um für die Algenbekämpfung stark genug dosiert zu sein, eine gewisse Toxizität. Sonst sind sie ziemlich wirkungslos. Besitzen sie aber diese Giftigkeit, sind sie zwangsläufig so konzentriert, dass sie neben den Algen und Cyanos auch nützliche Bakterien, einige Pflanzenarten und schnell auch Zwerggarnelen mitbekämpfen.

Doch bevor Sie wegen eines hartnäckigen Algenproblems das Becken leer räumen und auf den Dachboden stellen, könnten Sie eines der folgenden Produkte ausprobieren:

Algen-Check, ein laut Hersteller ungiftiges Algenmittel auf natürlicher Basis. Die Ausführung ‚**Formel 1**' ist konzipiert für Grün- und Rotalgen, ‚**Formel 2**' für Blau- und Schmieralgen. Die Wirkungsweise ist hervorragend und schnell, Nebenwirkungen sind bisher nicht aufgetreten, die Mittel erwiesen sich als garnelensicher.

Femanga Algen Stop soll ebenfalls ausschließlich aus natürlichen Zutaten wie Salicylsäure und anderen pflanzlichen Bestandteilen bestehen, die Erfahrungsberichte sind positiv.

Auf einen Blick: die Einrichtung des Aquascapes

Kein Aquascape wird auf Anhieb perfekt aussehen. Es braucht Zeit, bis sich alles eingespielt hat. Einige Pflanzen werden sich sehr gut entwickeln, andere dagegen weniger. Manche wird man wieder entfernen müssen, weil sie an ihrem Standort oder in dem Becken gar nicht gedeihen wollen.

Doch das ist ja das Schöne beim Aquascaping. Einmal angefangen, können Sie beobachten wie das Scape lebt, die Entwicklung verfolgen und Veränderungen vornehmen.

Dieå Vorgehensweise nach untenstehender Checkliste hat sich bewährt, gebräuchlich ist sie allerdings nicht. Viele Aquascaper bepflanzen sogar vor dem Einfüllen des Wassers. Für viele Bodendecker kann das sinnvoll sein, bei Stängelpflanzen bringt es eher Nachteile. Bei großen Aquarien empfiehlt es sich, nur zum Teil Wasser einzufüllen, dann zu bepflanzen und am Schluss vollends aufzuzufüllen.

Für schnelle Wurzelbildung können Sie nach dem Bepflanzen einige Startertabs in die Wurzelbereiche drücken.

Gedüngt wird, wenn Wurzelwachstum einsetzt, etwa ab dem dritten Tag, und zwar anfangs sehr moderat. Die Makrodüngung NPK sollte höchstens die Hälfte der späteren Normaldosierung ausmachen, das NPK-Verhältnis aber gleich dem der späteren Anwendung entsprechen. Änderungen im Mengenverhältnis NPK dürfen nur langsam und gezielt vorgenommen werden, sonst kann man hintereinander die verschiedensten aquarienrelevanten Algen ‚bewundern'. Auch Eisen und Spurenelemente können frühzeitig zugedüngt werden, allerdings in einer Dosis von maximal 10 % der empfohlenen Menge, sonst treten sofort Pinsel- und Bartalgen auf den Plan.

> **Tipp**
>
> **Checkliste**
> - Bringen Sie den Bodengrund ein.
> - Gestalten Sie mit dem Hardscape die Grundformen der Landschaft.
> - Füllen Sie das Becken mit Wasser.
> - Enfernen Sie alle Filtermaterialien und bestücken sie den Filter nur mit einer kleinen Schaumstoffmatte und evtl. etwas Filterwatte.
> - Stellen sie an Filter und Auslaufschlauch Strömungsrichtung und -geschwindigkeit ein.
> - Das Wasser soll langsam strömen, der Filterauslauf knapp oberhalb der Wasseroberfläche angebracht werden. Das Wasser soll nicht plätschernd einlaufen.
> - Stellen Sie die Temperatur am Reglerheizer ein. Justieren Sie solange nach, bis die Temperatur stimmt. Sie sollte in den wärmsten Zonen 25 bis 26 °C nicht überschreiten.
> - Lassen Sie das Aquarium, versehen mit Starterbakterien, einen oder mehrere Tage laufen, ohne es zu bepflanzen. Das Licht muss während dieser Phase ausgeschaltet sein, sonst kommen die Algen!
> - Wenn Sie eine CO_2-Anlage eingeplant haben, schließen Sie sie probeweise an.
> - Erst wenn sich die Temperatur hält und alle Geräte zufriedenstellend arbeiten, bepflanzen Sie das Scape.

> **Wichtig**
>
> Wegen des Grünalgenrisikos darf vor allem bei Starklichtaquarien ab circa 0,8 Watt/l Wasser keinesfalls die volle Beleuchtung geschaltet werden, bis die Pflanzen voll verwurzelt sind. Beginnen Sie mit 6 bis 7 Stunden und steigern Sie schrittweise, bis nach etwa vier Wochen die gewünschten 11 bis 12 Stunden erreicht sind.
>
> In diesem Zeitraum wird auch die Makrodüngung schrittweise an die Normaldosis herangeführt. Die Eisen- und Spurenelementedüngung wird langsamer erhöht, auf etwa $1/3$ bis höchstens die Hälfte der empfohlenen Dosis.
>
> Sollten sich Pinsel- oder Bartalgen einstellen, wird sie sofort wieder zurückgefahren.

Service

Literatur

Bücher	
Takashi Amano: Amanos Naturaquarien. bede-Verlag 1997.	Großformatiger Bildband mit herausragend schönen Werken des ‚Meisters'
Takashi Amano: Naturaquarien. bede-Verlag 1999.	Schön bebilderte Anleitung über die Erstellung eines Naturaquariums
CAU (Creative Aquascape Union): Aquascape – Lebendige Kunstwerke. Dähne Verlag 2012.	Attraktiver Bildband, die Aquariengestalter der CAU gehören zu den Weltbesten
Christel Kasselmann: Aquarienpflanzen – 450 Arten im Porträt. Verlag Eugen Ulmer 2010.	Das umfassendste Aquarienpflanzenlexikon, ausführliche Pflanzenvorstellungen und Kulturanleitungen, bebildert mit über 700 Farbfotos.
Christel Kasselmann: Taschenatlas Aquarienpflanzen. Verlag Eugen Ulmer 2009.	Die bekanntesten Aquarienpflanzen im Porträt.
Christel Kasselmann: Pflanzenaquarien gestalten. Franck-Kosmos Verlag 2006.	Klassiker, interessantes Buch mit sehr viel Wissenswertem.
Bernd Kaufmann: Algen-Fibel Aquarium. Dähne Verlag 2010.	Viel Interessantes über Algen, sehr gute Bestimmungsfotos.
Oliver Knott: Aquascaping-Fibel. Dähne Verlag 2012.	Einsteigerbuch mit vielen Tipps eines erfahrenen und innovativen Aquascapers.
Hans-Georg Kramer: Pflanzenquaristik. Tetra Verlag 2009.	Hochinteressant, mit viel Detailwissen.
Hanns-J. Krause: Aquarientechnik. bede-Verlag 1999.	Klassisches Grundlagenwerk
Hanns-J. Krause: Aquarienwasser. bede-Verlag 1998.	Wasserchemie, intelligent und verständlich erklärt.
Diana Walstad: Das bepflanzte Aquarium. Tetra Verlag 2006.	Kontroverse Ideen und viel Hintergrundwissen einer Biologin und Aquarianerin.

Zeitschriften	
Aqua Planta	Verband Deutscher Vereine für Aquarien- und Terrarienkunde e.V./VDA
DATZ	Die Aquarienzeitschrift, ms-verlag
Amazonas	ms-verlag
Aquaristik Fachmagazin AF	Tetra Verlag
Aktuelle Süßwasserpraxis aquaristik	Dähne Verlag

Internet	
afizucht.de	Ansichten und Einsichten eines Praktikers, sehr empfehlenswert.
aquamax.de	Sehr viel Wissen zu den verschiedensten aquaristischen Themen und schöne Bildergalerien.
aquanet.de	Aquarien'fernsehen', Seite mit vielen Artikeln und vor allem Videos
aquatic-gardeners.org	englischsprachige Website mit herrlichen Fotos aus führendem Aquascaping Contest.
cau-aqua.net	Zeitlose Meisterwerke der Aquariengestaltung, zur Fotogalerie auf ‚CAU Aquascape'
deters-ing.de	Wissenswertes zu chemischen u. biologischen Vorgängen im Aquarium.
drta-archiv.de	Wiki über alle Bereiche der Aquaristik.
flowgrow.de	Sehr interessante Website mit kompetentem und aktivem Forum, Aquarienpflanzendatenbank, Nährstoffrechner und vieles mehr.
heimbiotop.de	viel Interessantes zur Pflanzenaquaristik, durchgehend mit erläuternden Fotos.
naturaquaristik-live.de	Weitere sehr gute, auf Aquascaping spezialisierte Seite mit stets interessanten Themen.
oliver-knott.com	Dienstleistungsunternehmen für Aquariengestaltung, Workshops, Seminare.
vda-aktuell.de	Website des Verbands Deutscher Vereine für Aquarien- und Terrarienkunde, Herausgeber der Zeitschrift Aqua-Planta.
wasserpantscher.at	Genaue Messungen der Wasserwerte mit dem Fotometer

Der Verlag Eugen Ulmer ist nicht verantwortlich für den Inhalt von Internet-Links.

Bildquellen
Alle Fotos stammen von Wolfgang Dengler.
Titelfoto: Wolfgang Dengler

Die Zeichnungen fertigte Helmuth Flubacher, Waiblingen, nach Vorlagen des Autors.

Der Autor dankt dem Verlag Eugen Ulmer, der Lektorin Frau Dr. Eva-Maria Götz und dem Tierparadies Zoo Sickinger in Nagold für die gute Zusammenarbeit.

Haftungsausschluss
Autor und Verlag haben sich um richtige und zuverlässige Angaben bemüht. Eine Garantie kann jedoch nicht gegeben werden. Haftung für Schäden und Unfälle wird aus keinem Rechtsgrund übernommen. Der Tierhalter sollte bedenken, dass er in eigener Verantwortung handelt.

In diesem Buch sind die Namen von Produkten, die zugleich eingetragene Warenzeichen sind, als solche nicht besonders kenntlich gemacht. Es kann also aus der Bezeichnung der Ware mit dem für diese eingetragenen Warenzeichen nicht geschlossen werden, dass die Bezeichnung ein freier Warenname ist. Die Markennamen wurden nur beispielhaft aufgeführt.

Hinsichtlich der in diesem Buch angegebenen Dosierungen von Düngern usw. wurde mit größtmöglicher Sorgfalt vorgegangen. Gleichwohl werden die Leser aufgefordert, zur Kontrolle die entsprechenden Beipackzettel der Hersteller zu beachten.

Bibliografische Information der Deutschen Nationalbibliothek
Die Deutsche Nationalbibliothek verzeichnet diese Publikation in der Deutschen Nationalbibliografie; detaillierte bibliografische Daten sind im Internet über http://dnb.d-nb.de abrufbar.

Das Werk einschließlich aller seiner Teile ist urheberrechtlich geschützt. Jede Verwertung außerhalb der engen Grenzen des Urheberrechtsgesetzes ist ohne Zustimmung des Verlages unzulässig und strafbar. Das gilt insbesondere für Vervielfältigungen, Übersetzungen, Mikroverfilmungen und die Einspeicherung und Verarbeitung in elektronischen Systemen.

© 2013 Eugen Ulmer KG
Wollgrasweg 41, 70599 Stuttgart (Hohenheim)
E-Mail: info@ulmer.de
Internet: www.ulmer.de
Lektorat: Dr. Eva-Maria Götz
Herstellung: Thomas Eisele
Umschlagentwurf: Atelier Reichert, Stuttgart
Satz: r&p digitale medien, Leinfelden-Echterdingen
Reproduktion: TimeRay, Herrenberg
Druck und Bindung: Firmengruppe APPL, aprinta Druck, Wemding
Printed in Germany

ISBN 978-3-8001-7870-4

Register

A

Abbauprozesse 84
Abfallstoffabbau 74
Aegagrophila linnaei 31
aerob 75
aerobe Bakterien 71, 81
Afrika 57
Algen 67, 81, 111
Algenbekämpfungsmittel 118
Algenblüte 116
Algenwuchs 22
Alternanthera reineckii 49
Amano 4, 15, 78
Amanogarnelen 58
Amerikanischer Wassernabel 21
Amerikanische Wasserhecke 21
Ammoniak 81
Ammonium 78, 82, 100
Ammonium/Ammoniaktest 87
anaerob 75
anaerobe Bakterien 81
anaerobe Zone 72
Anubias 91
anwachsen 76
Apfelschnecke 110
Aponogeton-Wasserähre 29
AquaDesignAmano (ADA) 92
Aquarienthermometer 70
Aquarientypen 63
Aquarienwasseraufbereiter 86
Aquascaping-Pinzette 18
Aquascaping-Schere 91
Aqua-Soil 78
Atomizer 98
Aufhärtegrad 80, 81
Ausfällung 73
ausgefällte Eisenverbindungen 102
Ausläufer 91
Außenfilter 71
Ausströmerstein 98

Australisches Zungenblatt 21
autotrophe Bakterien 81
Azurit 80

B

Bacopa australis 21
Bacopa monnieri 21
Bakterienkulturen 17, 83, 116
Bartalgen 101, 116
Baumbegrünung 15
Baumwiese 15
Beckenmaße 87
Beleuchtungsdauer 69
Beleuchtungspause 70
Beleuchtungsunterbrechung 70
Beleuchtungszeit 18
Bergkristall 54
Bio-CO_2 16
Bio-CO_2-Gärmethode 97
Biogene Entkalkung 95
Birkenstämmchen 79
Blasenschnecke 110
Blaualgen 23, 75, 117
Blumenerde 77
Bodenbakterien 74
Bodendecker 12, 89, 92
Bodengrund 27, 74, 84, 89
Bodengrundmaterialien 76
Bodenzusätze 77
Boraras brigittae 23, 109
Buntsandstein 58

C

Cabomba 91
Calcium 100
Caridina japonica 58
Caridina parvidentata 19, 23, 62
chelatabbauende Bakterien 73
chelatiertes Eisen 87
Chelatierung 101

Chelator 73
Chemikalien 76
Chlor 86
Cladophora 115
CO_2 95
CO_2-Dauertest 87
CO_2-Düngung 97
CO_2-Sättigung 98
CO_2-Tröpfchentest 87
CO_2-Versorgung 18, 97
CO_2-Zufuhr 97
Cyanobakterien 75, 117

D

Denitrifizierungsmedium 77
Der freie Raum 9
Der Weg 9
Desinfektionsmittel 86, 111
Didiplis diandra 21
Diffusor 98
Drachenfelsen 37
Drachenstein 78, 80
Dreibandenröhre 69
Dreiergruppe 7
Druckgasflasche 22, 98
Düngekonzepte 103
Düngung 23
Dunkelkur 111, 118

E

Egeria 91
Egeria densa 95
Einfahrphase 22, 86
Eingewöhnungsphase 18
Einrichtungsplan 12
Einzelkomponentendüngung 107
Eisen 101
Eisenchelat 101
Eisenchlorosen 102
Eisentests 87

Eisen-Volldünger 107
Eiweißstoffe 71, 82
Eleocharis 78
Eleocharis acicularis 92
Eleocharis parvula 45, 57
emers 19, 88
Endler-Guppys 62
enthärten 77
Entsalzungsanlage 85
Epoxidharz 76
Estimative Index (E.I.) 103
Eutrophie 111
Eutrophierung 111

F

Farbtemperatur 69
Farbwiedergabewerte 68, 69
Fäulnis 75, 77
Fäulnisgefahr 39, 78
Felsenlandschaft 7
Felsenschlucht 25
Filtermaterialien 71
Fischarten 108
Fischausscheidungen 64
Fischbesatz 67
Fische 73
Fischgift 75
Fischkrankheiten 86
Flipper 97, 98
Flusskiesel 78
Fluss-Mooskraut 108
flutend 26
Fokuspunkt 11
Fotometer 87, 100
Fotorückwand 64
Frischwasser 85
Frischwassergasbläschen 89
Fulvosäuren 79, 80

G

Gartenerde 77
Gartenvolldünger 102
Gasaustausch 72, 73
Gasgleichgewicht 85
gedrungener Pflanzenwuchs 69, 93
Gelbe Zwerggarnele 110
Geringfilterung 72
Gesamteisen 87
Gesamthärte 65, 87
Gesamtwirkung 42
Gesellschaftsaquarium 110
Gesellschaftsbecken 63
Gestaltungsplan 12
Geweihschnecke 37, 110
Giftigkeit 118
Glasgarten-Aquarium 57
Glosso 21
Glossostigma elatinoides 21, 31, 78
Goldener Schnitt 6
Grad Kelvin 69
Graspflanzen 94
Grünalgen 23, 113
Grünalgenbewuchs 93
Grüne Fadenalgen 113
Grüne Fusselalgen 115
Grüne Pelzalgen 116
Grüne Punktalgen 115
Grüne Staubalgen 115
Guppys 62

H

Halogenlampe 68
Halogen-Metalldampflampen (HQI) 70
Halogenstrahler 53
Hardscape 6, 78
Harmonische Linien 9
Härtegrade 87
Härtemessungen 77
hartes Wasser 87
Hauptnährstoffe 94
HCC 6
Hedyotis salzmannii 21, 53

Hefegärung 97
Helanthium tenellum 94
Hemianthus callitrichoides cuba 29, 37, 45, 78, 92, 94, 111
Hemianthus glomeratus 21, 96
Heteranthera zosteraefolia 21, 61
heterotrophe Bakterien 81
Hintergrund 65
Hintergrundpflanze 88
Höhenwachstum 91
Holländische Pflanzenaquaristik 6
Holz 78
Hörnchenschnecke 16, 110
Hornkraut 117
Huminsäuren 73, 80, 109
Hydrilla 95
Hydrocotyle cf. tripartita 21, 31
Hydrocotyle verticillata 21
Hydrogencarbonat 95
Hydrotriche hottoniiflora 21
Hygrophila polysperma 21, 96
Hygrophila stricta 21, 41
Hygropila polysperma 15

I

In den Hochalpen 53
indirekte Strömung 73
Innenfilter 71
Insel 7
In-Vitro-Pflanzen 89
Iwagumi 7, 78

J

Javamoos 15, 96

K

Kahmhaut 101
Kahmhautbildung 72
Kalium 100
kalkfrei 74
Kalklöslichkeit 81
Kalktest 81
Kapillarsystem 75
Karbonathärte 65, 87, 95

Keimdichte 84
Kies 75
Kieselalgen 86, 117
Kieselsäurequelle 117
Kirschblatt 41
Kleiner Stern 15
Kleiner Wasserfreund 15
Kohleblockfilterung 86
Kohlendioxid 95
Kohlensäure 99
Kompaktleuchtstoffröhren 65, 67
Konservierungssalz 80
Kopfsteckling 50, 93
Korallenplatys 19
Körnung 75
Korrosionsschutz 86
Kuba-Zwerg-Perlkraut 43
Kupfer 102
Kupfertest 87, 102

L

Laichkraut 33
Längenwachstum 69
Langsamfilterung 72
Lava 80
Lavagranulat 42
Lavasteine 42
Lebendgebärende Zahnkarpfen 19
LED-Lampe 68, 70
Leitungswasser 86
Leuchtmittel 68, 70
Leuchtstoffröhre 65, 68
Lichtfarbe 22, 68
Lichtmenge 18
Lilaeopsis 78, 92
Lilaeopsis brasiliensis 15, 19
Limnophila 91
Lomariopsis 23
Lomariopsis cf. lineata 101
Low-Light 102
Lumen 65
Luwigia arcuata 21
Lux 65

M

Magnesium 100
Malachit 80
Manado 22, 77
Marsilea hirsuta 21, 25
Mayaca fluviatilis 108
Method of Controlled Imbalances (MCI) 105, 112
Micranthemum umbrosum 41, 88
mikrobieller Eiweißabbau 83
Mikrofiltervlies 116
Mikroflora 81
Mikronährstoffe 94
Mikroorganismen 17, 71, 78
Minimumdüngung 107
Minimumgesetz 94
Mittelstarkes Licht 66
Monosolenium tenerum 101
Moorkienholz 79
Moorkienwurzel 16
Moosbälle 31
Moose 93
Mooskraut 33
Moospolster 42
Mopani 79
Mopaniholz 29
Mopaniwurzel 30
Moskitobärbling 23, 109
Mulm 81
Myriophyllum 91, 95

N

Nachtabschaltung, CO_2 67
Nachtabsenkung, Temperatur 71
Nährboden 17, 27, 77
Nährstoffkreislauf 81
Nährstoffmangelsituation 22
Nährstoffungleichgewicht 113
Nanobecken 67
Nano-Cube 15
Naturaquarium 4
Neocaridina heteropoda 23, 62
Neritina natalensis 23

Nesaea pedicellata   21, 96
neutrale Substrate   74
Nitrat   71, 82, 100
Nitratzehrer   74
Nitrifikation   70, 81
Nitrifikationsprozess   81, 99
nitrifizierende Bakterien   77
Nitrifizierung   81
Nitrit   82
Nitritabbau   82
Nitritgehalt   86
Nitritpeak   78, 83
Nitrobacter   83
Nitrosomonas   83
Nodien   91
Nodium   93
NPK-Düngung   107
NPK-Verbrauch   65

O

Oberflächenwasser   71
Ohko-Stein   80
Ohrgitter-Harnischwels   30, 109
Otocinclus affinis   30, 109
oxidierendes Milieu   67

P

Paffrathschale   98
Pagodenstein   80
Papageienblatt   49
Perpetual Preservation System (PPS),
   PPS Classic   104
Pestizide   86, 88
Pestizidreste   79
Pflanzendüngung   102
Pflanzpinzette   90
Pflanzplan   88
Phosphate   86
Phosphor   100
Photosynthese   95
pH-Wert   65, 82, 85, 95
Pilzbelag   79
Pinselalgen   101, 116
PMDD – „Poor Man's Dosing Drops"   104

Pogostemon helferi   15, 37
Polygonum spec. Sao Paulo   21, 100
Polyphosphate   86
Posthornschnecke   19, 110
Potamogeton gayi   21
Powersand   78
PPS Pro   104
Pseudomugil gertrudae   35
Pumpenleistung   73

Q

Quarantänebecken   88
Quecksilberdampf-Hochdrucklampen
   (HQL)   70

R

Ra-Wert   69
Reaktor   98
Rebholz   79
Redfield Ratio   103, 112
Red-Fire-Zwerggarnelen   23
Red-Rili-Zwerggarnelen   110
Reduktionen von Spurenelementen   95
Reflektor   65
Reglerheizer   17, 70
Rennschnecke   37, 110
Riccia fluitans   15
Riccia-Moos   31
Rosettenpflanze   12, 91, 93
Rotala indica   25
Rotala rotundifolia   21, 25
Rotalgen   116
Rote Felsen   49
Rote Moorwurzel   79
Roter Jaspis   51
Rote Wüstenwurzel   22
Rundblättriges Perlkraut   41, 49, 84, 88

S

Sagittaria subulata   21
Sagittarien   94
Sakura-Garnele   109
Sakura-Zwerggarnele   23

Sand   74
Sauerstoff   84, 94
Sauerstoffabschluss   78
Sauerstoffbläschen   95
sauerstofffrei   71, 95
Sauerstoffgehalt   86, 95
sauerstoffreich   71
Schiefer   80
Schilf am See   61
Schimmel   79
Schreckfärbung   74
Schwachlichtbeleuchtung   66
Schwebegarnelen   30
Schwebstoffe   71
Schwefel   101
Schwefelwasserstoff   75
Schwermetalle   79, 80
Schwermetallsalze   86
Seemandelblätter   109
Silikate   86
Silikatgehalt   86
Soil   78
Solitärpflanze   91
Sonneneinstrahlung   11
Sonnenlichtspektrum   58
Spurenelemente   67, 70, 73, 102
Stagnationswasser   86
Standort   11
Stängelpflanze   12, 91
Starklicht   67, 93
Starklichtbecken   16, 102, 108
Starterbakterien   83
Staurogyne repens   21, 37
Stecklinge   42
Stein   78
Steinwolle   90
Steinwollefasern   90
Stickstoff   99
Stickstoffkreislauf   82
Stoßdüngung   105
Strömung   72
Strömungsausbreitung   73
Sulawesi-Inlandgarnele   19

Sumpfpflanzen   88, 95
Süßwassertang   23, 101

T

Tageslichtspektrum   69
Tag-Nacht-Wechsel   70
Taxiphyllum barbieri   15, 27, 96
Technik   11
Teichschlamm   83
Teilwasserwechsel   85
Temperatur   70, 87
Teststäbchen   87
Tiefenwirkung   21, 64
Topfpflanzen   90
Torf   77
trocken bepflanzen   89
Tropfentests   87
Trübung   84, 89
Trugkölbchen   21

U

Überwasserblätter   95
Umkehrosmose   85

V

Vallisneria nana   19
Vallisnerien   94, 95
Vergiftung   76, 84
Verrottung   77
Versteckmöglichkeit   74
Versteinertes Holz   47, 80
Versteinertes Laub   80
Vesicularia dubyana   27
Volldünger   102
Vollspektrum   69
Vollspektrumlampe   69
Vordergrundpflanzen   6, 11
vorwässern   80

W

Wabi-Kusa-Methode   92
Wachstumsformen   91
Waldlichtung   41
Waldrand   21

Wärmeverteilung 70
Wasseraufbereiter 86, 102
Wasserbelastungen 84
Wasserflöhe 116
Wasserhärte 86, 87
Wasserpest 95
Wasserpflanzengärtnerei 89
Wasserschnecken 110
Wasserstoff 94
Wassertemperatur 85
Wassertrübung 87
Wasserumlauf 73
Wasserverschlechterung 82
Wasserwechsel 11, 64, 81, 84
Wasserwerte 80
Watt-pro-Liter-Maß 66
Wechselwasser 86
Weg 26
Weg zum See 33
Weichwasseraquarium 87
Weichwasserfische 77
Wuchsform 69
Wuchsgeschwindigkeit 11, 87
Wuchshöhe 87
Wurzelbildung 91
Wurzeln 78
Wüstenholz 78

Y

Yati-Holz 79
Yati-Wurzel 41

Z

Zierkorkrinde 79
Zierliches Perlkraut 84
Zurückschneiden 93
Zwerggarnelen 15, 73, 76, 79, 88, 102, 115
Zwerg-Nadelsimse 45
Zwerg-Perlkraut 6

Taschenatlanten
für den klaren Überblick im Aquarium

- Porträts von 200 Aquarienpflanzen
- Informationen über Wuchshöhe, Aquarienmindestgröße und benötigte Temperatur
- Mit Hinweisen zur Kultur und Vermehrung

Christel Kasselmann, weltweit geschätzt wegen ihrer phänomenalen Kenntnis von Wasserpflanzen, beschreibt hier 200 Pflanzen in Wort und Bild und gibt einen praxis-bezogenen Überblick über die beliebtesten und wüchsigsten Aquarienpflanzen.

Taschenatlas Aquarienpflanzen. 200 Arten für das Aquarium. C. Kasselmann. 2. Aufl. 2009, 126 S., 217 Farbf., kart. ISBN 978-3-8001-5909-3.

- Porträts von über 250 Aquarienfischen
- Hinweise zu Ernährung, Pflege und Haltung
- Mit Piktogrammen für die schnelle Übersicht

Was wäre ein Aquarium ohne Tierwelt? Detaillierte Porträts von über 250 im Handel erhältlichen Aquarienfischen informieren über Herkunft, Aussehen und alle wichtigen Daten zur Pflege im Aquarium. Piktogramme und Symbole bei jedem Steckbrief zeigen Ihnen auf einen Blick, was Sie bei der Haltung beachten sollten.

Taschenatlas Aquarienfische und Wirbellose. Das Aquarium von A-Z. C. Schaefer. 2., korr. Auflage 2010. 192 S., 272 Farbfotos, kart. ISBN 978-3-8001-6711-1.